致　谢

所有关心、支持、参与黄浦江景观照明建设的各界人士！

不夜的精彩是如何炼成的

黄浦江景观照明建设纪实

丁勤华◎编著

上海人民出版社

本书编委会

序

　　上海是一座具有灯光文化的城市，从 1882 年黄浦江畔亚洲第一盏灯点亮，灯光一直与这座城市相伴成长。20 世纪二三十年代，"夜上海"就闻名远东；90 年代起，黄浦江美丽的灯光夜景逐渐成为上海城市的亮点，经过三十多年的发展，黄浦江夜景已经成为上海一张不可或缺的城市名片。

　　《上海城市总体规划（2017—2035 年）》明确了建成卓越的全球城市，令人向往的创新之城、人文之城、生态之城，具有世界影响力的社会主义现代化国际大都市的目标愿景，为了把黄浦江景观照明建成与卓越的全球城市相匹配的夜景，为了促进上海国际旅游目的地城市建设，上海在"十三五"期间实施了黄浦江景观照明集中提升改造，其成果得到了社会各界的广泛认可，并在专业领域也获得了一致的好评。

　　黄浦江景观照明建设工程的成功，既是城市管理决策科学高效的结果，也是集聚全球智慧、跨界合作、精益求精的典范。黄浦江景观照明建设的成果，全面体现了"海纳百川、追求卓越、开明睿智、大气谦和"的城市精神和"开放、创新、包容"的城市品格，全面展现了上海城市的软实力。

　　丁勤华同志与一批参与黄浦江景观照明建设的组织者、管理者、设计师、艺术家、建设者一起编写了《不夜的精彩是如何炼成的》一书，比较全面地介绍了这次黄浦江景观照明建设的时代背景、方案编制、实施组织和主要成果。全书文字朴实而真切，读者可以从中感受到"以人民为中心"的发展理念、思维方式，可以从中体验到于凝心聚力的胸怀，看到在精益求精、追求卓越基础上追求细节的精细化管理的精神，读到在传承基础上勇于创新、不断攀越的城市文化。本书记录的很多具体的做法，可以为景观照明行业及相关其他领域借鉴参考。

　　当前，在加快城市化进程、大力发展文旅产业的背景下，城市景观照明事业正处在一个发展的新时期，相信本书的出版，将对上海以及国内外其他城市在景观照明建设上取得新的发展提供有价值的参考。

郝洛西

国际照明委员会副主席

中国照明学会副理事长

上海照明学会副理事长

同济大学教授、博士生导师

2022 年 9 月 19 日

目　　录

CONTENTS

前　言

　　早在 1882 年——爱迪生发明白炽灯的三年后——亚洲的第一盏电灯就在黄浦江畔点亮，百年后的 20 世纪 80 年代末，外滩万国建筑博览群就开始景观照明建设，是中国，乃至全球规模化实施景观照明建设的启航之地，从 20 世纪 90 年代中后期起，璀璨的浦江夜景就已经成为上海的一张城市名片，享誉全球。《上海市城市发展规划（2017—2035 年）》明确了将在 2035 年基本建成卓越的全球城市，国际经济、金融、贸易、航运、科技创新中心和文化大都市，成为令人向往的创新之城、人文之城和生态之城，具有世界影响力的社会主义现代化国际大都市的愿景。为把黄浦江夜景建成与卓越的全球城市地位相符、体现上海文化特色、世界领先，具有独创性的城市核心滨江夜景，黄浦江景观照明在原有高起点基础上又一次提升改造，2018 年，首届中国国际进口博览会在上海举办期间，阶段性成果——黄浦江核心段夜景精彩亮相，引起了照明行业和社会的关注；中华人民共和国成立 70 周年和第二届中国国际进口博览会期间，焕然一新的黄浦江夜景让市民游客与到访的国内外嘉宾赞口不绝，为之倾倒；2021 年 7 月，黄浦江景观照明提升改造成果的代表、一场被媒体誉为史诗级的光影巨献——"永远跟党走"黄浦江主题光影秀更是惊艳全球。

　　上海为什么能？上海为什么行？上海是怎么做到的？近些年来，因为工作的原因，在陪同各地领导与同行看夜景时，许多人常常问我，黄浦江夜景以前就那么好，为什么还要提升改造？方案是怎么做出来的？总设计师是谁？实施过程中遇到过哪些难题？你们又是怎样解决的？各种问题归纳为一个问题，上海是怎么做的？面对一次又一次的提问，也引起了我的反思，作为这个项目全过程的参与者、主要组织者之一，有必要系统回顾一下这几年的实践，总结经验教训，为未来上海景观照明事业的发展奠基，也为兄弟城市夜景事业新的发展留鉴，于是，我萌生了编写本书的想法。

本书主要是由编者参与黄浦江景观照明建设实践中的思考、起草的文稿、记录的信息与收集的资料整理、编辑而成，同时编者邀请部分一起投身黄浦江景观照明建设的奋斗者，从他们的视角、经历与体验撰写文章，以期使读者更深入了解黄浦江景观照明建设"台前幕后"的故事。

景观照明是城市化的产物，夜景是城市景观的重要组成部分，是反映城市内涵、展现城市形象、促进经济发展、丰富市民夜间生活的重要元素。当今社会的景观照明已经成为现代城市发展和服务能力的一个重要标志，也是城市软实力的重要内容，它是城市公共基础设施重要的组成部分。但十年的实践经验告诉我，城市景观照明发展应与城市社会经济发展相匹配，不能超越经济发展阶段盲目攀比；必须以规划引领发展，不能想到哪、建到哪；城市景观照明发展应该契合城市文化特质，不能照抄照搬，搞成千城一面，要有创意设计，匠心独具地扮靓城市；城市景观照明不能是光源的简单叠加，无限照亮城市，从而造成光污染。

景观照明是一项美丽的事业，愿与同行一起继续奋斗，为我们生活的城市铸就新的精彩！

丁勤华

2022 年 8 月 8 日

第一章

追求卓越

黄浦江景观照明建设的背景

丁勤华

2018 年初，黄浦江两岸启动景观照明建设，实际上是一次在原有基础上的集中提升改造，那年秋季，首届中国国际进口博览会将在上海举办，鉴于前几年杭州 G20 峰会、青岛上合峰会、厦门金砖会议城市夜景给人留下的深刻印象，很多同行也习惯把黄浦江景观照明集中提升改造看作与以往一样，是结合重大活动保障启动的一个项目。其实，上海这次黄浦江景观照明集中提升改造，既与兄弟城市配合专项保障需求不一样，也与上海以往结合重大活动推进灯光发展有区别。这一次黄浦江景观照明集中提升改造标志着上海景观照明建设进入了一个规划引领发展的新时期，标志着上海景观照明建设直接服务城市社会经济发展的新开端！

01 悠久的灯光历史

上海，地处长江入海口，东向东海，隔海与日本九州岛相望，南濒杭州湾，西与江苏、浙江两省相接，共同构成以上海为龙头的"长三角经济圈"。上海是中国超大城市，也是世界闻名的繁荣的国际大都市，素有亚洲"魔都"之称。黄浦江是上海的母亲河，见证了上海从一个小渔村发展成为国际大都市的传奇故事。城市因水而灵动，黄浦江不仅荟萃了上海城市景观的精华，更是汇聚着、流淌着这座城市的灵气、精华、风韵。

图 1-1　黄浦江畔第一盏电灯

1879年，爱迪生发明白炽灯，近三年后，1882年7月26日，中国第一盏同时也是亚洲第一盏电灯就在上海黄浦江畔点亮，自此，灯光与上海相伴成长。在上海由一个临海小渔村蜕变为一个现代化国际大都市的进程中，灯光一直是这座城市的重要角色，灯光展现了上海海派城市的美，展现了世界都市无穷的魅力。20世纪二三十年代，"夜上海"就闻名远东；新中国成立后的很长一段时间里，每逢"五一""国庆"等法定节假日，到外滩看灯一直是传统节目，尽管那时仅仅是在建筑窗框上挂上一串串白炽灯，但节假日到外滩看灯是一辈又一辈上海人心中难以忘怀的记忆。

图1-2　20世纪七八十年代外滩观灯

21世纪的今天，美丽的灯光夜景已经成为上海的一张不可或缺的城市名片。

02　夜景灯光的启航之地

改革开放以来，上海与世界各国的交流不断加强，城市的发展迫切需要吸引中外商旅客人，1989年以前的上海，南京东路等主要商业街商业服务设施到下午5、6点钟以后就关灯、关门了，外滩也是漆黑一片。中外客人，包括上海市民，都希望"夜上海"再亮起来。展现"夜上海"的魅力成为当时的共识,于是,景观灯光事业的发展呼之欲出。

20世纪80年代末至90年代初,有"万国建筑博览群"之称的外滩,在国内首次利用大功率的气体放电灯,就是我们现在所说的金卤灯、钠灯进行泛光照明,当时国内还没有用大功率的气体放电灯来进行泛光照明,在欧洲及日本等一些国家才刚开始用这一种方式对建筑进行景观照明。在一些老专家、老同志的辛勤努力下,经过一年多的试验,应该说取得了非常好的效果。它改变了原来单一的轮廓灯对建筑进行装饰的照明方法,用灯光展现"万国建筑博览群"设计师对于每栋建筑设计的寓意,用灯光的语言把建筑设计师对建筑的创意淋漓尽致地体现出来。应该说,1989年外滩这个照明试验取得了比较大的成功,对推动景观照明起了巨大的示范作用。

外滩的灯光建设后,得到了社会各界、中外游客的一致好评,对原来老上海"不夜城"的别称也赋予了新的含义。上海开始了以灯光表达城市之美的旅程,外滩也成为夜上海的地标,以及中外游客游览上海的必到之地。

03 全球公认的夜景圣地

1992年,中国宣布浦东改革开放,上海进入一个里程碑式的发展时代,随着社会经济发展,特别是旅游业的发展,黄浦江两岸景观灯光也进入了快速发展时期。在外滩实施景观照明建设的基础上,浦东不断增加的现代化摩天大楼同步实施景观照明建设,通过对黄浦江两岸隔江遥相呼应的外滩近代建筑和浦东陆家嘴现代建筑实施景观照明建设,用灯光的语言,解读近代建筑和现代建筑之间的对话。随着时间推移,以外滩、陆家嘴为中心,景观照明建设逐步向外延伸,浦江两岸标志性建筑,杨浦、南浦等跨江大桥先后实施了景观照明建设,黄浦江夜景初具规模。

1998年,上海率先成立了景观灯光监控中心,把浦江两岸的一些近代建筑和现代建筑用信息化手段来进行统一的开灯和关灯,各建筑的景观灯光电路也通过计算机实施监控监测,由监控中心统一来进行集中控制,利用信息化手段来对城市灯光

黄浦江西岸　　　　黄浦江东岸

图 1-3　20 世纪 90 年代外滩和陆家嘴灯光

进行管理，这在全国是第一，它彻底改变了以往景观灯光开灯工作"千家万户""千言万语""千辛万苦"的状况。

20 世纪 90 年代中后期，为了满足市民游客的要求，黄浦江两岸在全国率先实施每晚开灯，浙江、江苏、安徽的很多游客下午出发来沪，看完夜景连夜返回，黄浦江夜景已经成为长三角地区的一个旅游打卡点。

进入新世纪，结合在上海举行的 APEC 会议、六国峰会、2010 年上海世界博览会等重大活动，黄浦江两岸景观照明建设加快发展，杨浦大桥至卢浦大桥两岸重要区域景观照明基本连片，规模效应显现，黄浦江夜景驰名海内外，特别是几次重大活动的灯光表演，更让中外嘉宾对黄浦江夜景印象深刻。

2001 年，APEC 会议在沪召开期间，上海首次利用大功率的照明设施，在外滩地区组织了一次冠名为"亚太腾飞"的大型、动态的灯光表演。外滩防汛墙上蓝、黄两种颜色进行 16 种组合动态表演所呈现的"蓝色浦江""黄金海岸"的壮观景象，50 盏可控探照灯形成空中芭蕾，沿岸绿化照明，外滩大楼以 APEC 会标作立面投影表演，结合鲜花、烟火等图案和动感色彩呈现会议喜庆节日气氛。

图 1-4　APEC 会议灯光活动

2006 年，六国峰会举行时，在浦西延安东路至外白渡桥、浦东东昌路到陆家嘴两侧各绵延 1.5 公里区域，用 20 组共 90 个大功率的以黄色、蓝色为主的彩色探照灯，在空中跳起了美丽的"舞蹈"，绚丽斑斓，美不胜收。这次冠名为"和平畅想"的灯光展演，全部由计算机远程控制，定时循环亮灯。

2010 年，上海世界博览会在上海举办，开幕式的时候，黄浦江两岸用建筑照明为背景、以卢浦大桥为衬托进行景观灯光的演示。1200 盏探照灯、16 盏激光灯，总面积达 7000 多平方米、世界第一的 LED 巨型屏幕，6000 个水上 LED 漂流球和漂流船、烟火融合在一起，巧夺天工地展现了上海美不胜收的城市美景。"火树银花庆世博，琼楼玉宇不夜天"，"世博之光"的成功演绎，给出席世博会开幕式的中外嘉宾以及观看实况转播的世界各国人民留下了难以忘怀的印象，它与成功、精彩、难忘的世博会一起，成为无数人永恒的记忆。

改革开放四十多年来，随着上海经济社会事业发展，黄浦江景观照明从无到有

图 1-5 2006 年六国峰会灯光活动

图 1-6 上海世博会灯光

迅速发展，迥异的风格、缤纷的色彩、典雅的宁静，闪烁的韵律，让上海这座远东的大城市，成为名副其实的不夜城。浦江景观照明成为上海一道靓丽的风景线，成为举世公认的全球夜景圣地，吸引国内外嘉宾的到来，对扩大上海国际影响力，促进社会经济发展、提高城市竞争力作出了重大贡献。

04 黄浦江景观照明凸显的问题

二十多年的发展，黄浦江景观照明建设取得了骄人成绩，但随着时间推移，很多问题开始凸显，主要表现在以下几个方面：

一是缺少规划引领。黄浦江夜景历经二十多年，时间跨度长，由于缺乏总体规划，商业楼宇照明基本是由业主自行决定，公共空间夜景照明也是由各行政区各自为政，即使有些统筹，主要也是在每次重大活动保障时作些协调，从没有对两岸景观照明亮度、色温、彩光等因子全方位统一规划，导致整个浦江夜景效果风格各异，整体缺少和谐，甚至一些区域夜景显得杂乱无章。二是缺少统筹协调。黄浦江夜景是全球照明行业关注的焦点，在二十多年的发展过程中，全球有很多照明设计名师在黄浦江畔留下作品，为黄浦江夜景增光添彩，但有一个不可否认的事实是，由于缺乏规划引领，没有统筹协调，从单体看，不乏佳作，但置于黄浦江滨江整体环境中，并不都与区域环境相协调，因为夜景作为具有大众审美属性的艺术，除个性外，更需要共性美，需要夜间光环境的整体协调之美。三是发展不快，虽然历经二十多年的发展，但黄浦江夜景重点主要还是围绕在外滩、陆家嘴两岸的核心区域，从黄浦江穿越中心城区的徐浦大桥至杨浦大桥看，夜景整体不连贯、视觉效果碎片化，吴淞口至杨浦大桥区域两侧基本只有港口作业功能灯光，尤其是浦江入海口在夜间无任何形象展现；卢浦大桥至徐浦大桥景观照明灯光不多，仅有的灯光与构筑物形态不一、参差不齐、不成规模，使得整体景观效果没有连续性，缺乏节奏变化，暗区过多过长，使得零星的点光源无法连续，灯光的不连贯性、过多的暗区，使两岸夜间的天际线断断续续，缺乏整体美感。节假日观灯人流集聚在外滩，坐船看夜景也只局限在核心区段，往往近一个小时游程，略显平淡。四是夜景缺少层次感。长期以来，黄浦江灯光建设注重临江立面，偏重标志性建筑，常常忽视第

二、第三立面，对沿江低层建筑、堤岸考虑不多，导致夜景灯光效果单薄，缺少层次感、厚重感。如外滩一直以来都是上海的文化地标，优美的建筑形态、雍容华贵的气质，天际线高低错落富有美感，原有灯光的照度与亮度较好，表现出良好的夜景效果，第一、第二层次建筑几乎没有夜景灯光，一到夜晚明显与首排建筑明亮的夜景效果相脱节。五是灯光的呈现形式相对单调。较长一段时间，黄浦江夜景灯光偏重于经典的静态效果，动态变化的照明手法尝试不多，夜景缺乏变化与节奏，亮区与暗区之间没有过度，夜景的衔接过于生硬，楼宇灯光表现手法各异，造型关系零碎，色彩关系较为凌乱。如陆家嘴夜景，总体上说，鳞次栉比、高耸入云的现代建筑与外滩的雍容华贵相互呼应，灯光的表现手法、明暗关系、亮度与照度的控制都已经达到很高的水平。但从追求更加完美的效果来看，主要楼宇灯光不明显，部分建筑色温或亮度略显突兀，个别建筑照明色彩不协调，造成夜景缺乏整体性，从北外滩视角看，还有不少暗区。六是新光源、新技术应用有待提升。作为世界照明界关注的黄浦江景观照明，一直是照明新材料、新工艺、新技术的倡导者，如外滩最早利用大功率的气体放电灯对万国建筑博览群进行泛光照明，最早采用景观照明集中控制技术；东方明珠在 2003 年景观照明改造中，首先采用了 LED 作为光源，是城市景观照明大规模应用 LED 的最早示范。但受到很多因素影响，黄浦江景观照明在照明科技进步、技术发展方面依然有很大上升空间。如外滩灯光，长期以来一直沿用大功能率的钠灯进行泛光照明，能耗大、开灯启动慢、灯具体积大影响白天建筑立面的景观等问题一直没有得到解决。

05 浦江夜景需要新的发展

《上海市城市总体规划（2017—2035 年）》明确提出，要建设国际著名旅游地城市，上海市人民政府办公厅关于印发《上海市旅游业改革发展"十三五"规划》的通知（沪府办发〔2016〕53 号）明确提出，围绕"本土第一、世界精品"目标，加强资源整合，创新产品开发，加大市场推广，将黄浦江建成世界级滨水文化带和彰显上海历史文化内涵、全球城市形象的都市旅游靓丽名片。

2016 年 6 月 7 日，时任上海市市委副书记、市长杨雄同志在调研旅游工作时指出，作为支柱型现代服务业，上海旅游业对于推进供给侧结构性改革、培育发展新动能以及满足人民群众日益增长的休闲生活需求具有重要战略意义。要敢于对标世界一流，站高看远，既要开阔视野，以更加开放的姿态，积极引进国外一流旅游项目，也要主动盘活用好上海既有旅游资源，紧紧抓住打造世界级旅游资源这一核心，立足全局加强顶层设计，学习借鉴国际先进经验，善于与海内外一流企业机构合作，高起点规划、高标准开发。2016 年 9 月，上海市政府召开推进黄浦江旅游工作会议，会议决定建立由分管副市长牵头、市交通委、旅游局等市相关职能部门和区政府参加的推进浦江旅游工作联席会议制度抓工作落实，明确要求加快推进黄浦江景观照明提升改造。

黄浦江旅游看什么？上海旅游历史数据分析结果表明，外滩是来沪旅游必游必看的经典，而其中超过 90% 以上游客是选择晚上看浦江夜景，所以，加快黄浦江景观照明建设，将黄浦江游览打造成世界级旅游精品，是推进黄浦江旅游发展，乃至加快上海国际旅游目的地建设的时代需求。

06 黄浦江景观照明建设的目标

黄浦江景观照明起步早，经过近三十年的发展，已经成为上海的城市名片，国内外城市滨水夜景的标杆，在国内外有着很大的影响力。2017 年，上海市人民政府批准实施《上海市景观照明总体规划》，明确上海城市夜景"一城多星，三带多点"的总体布局，黄浦江是该规划明确的"三带"之首，在既有高起点上再提升、再发展、再完善、再创新高，需要确立一个更高的目标引领实践。

首先，黄浦江景观照明建设，要与上海将在 2035 年基本建成卓越的全球城市，国际经济、金融、贸易、航运、科技创新中心和文化大都市，成为令人向往的创新之城、人文之城和生态之城的愿景相匹配。

其次，黄浦江景观照明建设，要着力营造良好的城市人文环境，应能充分体现上海城市特色和文化传承，体现"海纳百川、追求卓越、开明睿智、大气谦和"的城市精神，延续浦江夜景经典、时尚、海派的特色，建设和谐宜居、富有活力、特色鲜明的上海夜景，让上海市民和全球游客充分感受到归属感和幸福感。

再次，黄浦江景观照明建设，要贯彻"创新、协调、绿色、开放、共享"的发展理念，不能推倒重来，而是在黄浦江已有夜景基础上，进一步完善、优化、提升和创新，同时应避免使用已被过度使用的照明手法和元素，不抄袭其他城市的夜景创意。

最后，黄浦江景观照明建设，要紧紧围绕把黄浦江旅游打造成为上海最具国际知名度、最体现上海传统和文化特色的本土旅游第一品牌的目标，通过优化景观照明规划布局和方案设计，使浦江夜景成为黄浦江旅游最具特色、最有影响力、最重要的元素。

经过综合考量，我们确立黄浦江景观照明建设的总体目标，结合黄浦江两岸45公里贯通，围绕把黄浦江两岸公共空间建成世界级滨水公共开放空间和把上海建设成为国际旅游目的地城市的目标，建成与卓越的全球城市地位相符、体现上海文化特色、世界领先、具有独创性的城市核心滨江夜景，使黄浦江夜景成为最具国际影响力的水上夜游经典旅游线，最能体现中国特色、上海传统和文化的本土旅游第一品牌。

第二章

国际视野

黄浦江景观照明总体方案的形成

丁勤华

01 做什么样的方案

很多国内外同行问我，这次黄浦江景观照明建设方案为什么不叫"规划方案"或者"设计方案"，而是叫"总体方案"，对这个问题，其实我们有自己的考虑。贯穿中心城区的黄浦江全长 40 多公里，两岸来回近 85 公里，滨水空间有工厂、商务楼、民宅、绿地、码头、大桥等多种类型载体，况且夜景现状基础也各不相同，仅仅作景观照明规划方案，深度不够，难以把控实施时的具体效果。假如要作设计方案，那么长的距离，那么多的载体，设计工作量空前巨大，不仅时间上耽搁不起，而且也容易挂一漏万，尤其是假如定了设计方案，就会遏制具体实施时再创造的积极性。所以，我们综合考虑了规划引导、控制的元素，结合设计的具体呈现，并糅合了必要的管理要求，把这个方案定位为"总体方案"。事实证明，我们这个想法是成功的。比如老外滩灯光改造，我们在总体方案里明确了要传承经典、保持原有色温的总体要求，但鼓励创新，才有了现在被大家所认同的全新的效果，成为黄浦江夜景传承创新的典范！

02 "十年磨一剑"

黄浦江是全球景观照明建设的起航之地，浦江夜景从 20 世纪 90 年代起就扬名中外，如何改造，如何提升，做成什么样的夜景，确实是个难题。早在 2013 年，上海市绿化和市容管理局带着这些问题，就组织上海复旦规划设计院等国内设计机构对黄浦江两岸景观照明现状进行了全面调查，梳理了存在问题，在借鉴国内外城市滨水空间夜景发展经验的基础上，编制了《黄浦江两岸景观照明概念规划》（吴淞口至徐浦大桥），依据不同区域历史风貌和文化底蕴提出了初步的发展策略和总体控制要求。2016 年，在编制《上海市景观照明总体规划》的同时，我们再次对黄浦江两岸景观照明发展方向开展了研究，以规划统筹的理念，形成了《黄浦江两岸景观照明概念方案》。2017 年，围绕推进黄浦江两岸 45 公里公共空间贯通和黄浦江旅游改革发展，按照市政府主要领导"要打好黄浦江夜景品牌，组织一流团队做好浦江夜景提升改造方案"的指示，上海市绿化和市容管理局组织开展了黄浦江景观照明规划设计方案全球公开招标，在此基础上，综合国际征集和历次研究的成果，编制了《黄浦江两岸景观照明总体方案》，2018 年经上海市人民政府批准实施。从启动前期研究到方案完成，前后跨度六年，至基本完成建设，前后近十年时间。

十年磨一剑，才成就了黄浦江不夜的精彩。

03 方案国际征集

黄浦江夜景从 1989 年开始建设，三十多年来，国内外无数设计师在浦江两岸留下了作品，如何在这一次集中提升改造中，更多、更好地吸取国内外的智慧，我们采用了方案国际征集。一般方案征集都是采用"广撒英雄帖"的方式，但考虑到我们需要的黄浦江景观照明设计方案涉及范围广、工作量大、要求高、时间紧的现实，在投入大而回报又不确定的情况下，会影响很多设计机构的参与积极性，大海捞针般的征集方式，很难征集到好的创意与设计，难以达到我们的初衷。通过多方征求意见，反复商议，我们决定采用"两次征集"的办法，即先征集一定数量有经验、有能力的设计机构，然后定向征集规划设计方案。为此，我们制定征集设计机构的方案，并对面向国际征集的必要性、可行性组织各方专家进行周密的论证，在此基础上，最后确定了黄浦江景观照明设计方案全球征集方案。

2016 年 12 月，上海市绿化和市容管理局通过招标方式，确定委托上海国际招标集团向全球公开招标。2016 年 12 月 28 日对海内外正式发布征集公告，同期开通征集活动专用网站：www.huangpuriver-at-night.net（中英文双语）、征集活动专用微信公众号：huangpuriveratnight，以及"金点子征集活动"向海内外征集意见建议，引起巨大反响。截至 2017 年 1 月 15 日，收到国内外共 51 家设计机构应征。2017

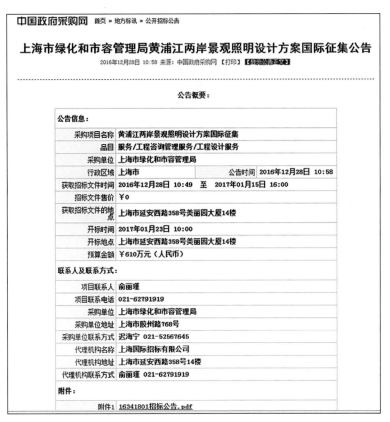

图 2-1　黄浦江景观照明设计方案国际征集公告

年 1 月 20 日组织上海市有关专家，按照设计机构的规模实力、业绩和荣誉、本项目拟派主创设计师的设计业绩、本项目拟派设计团队的人员配置和业绩、应征单位主要负责人或者合伙人亲自领衔设计者优先等标准。经两轮专家投票选出 6 家设计单位入围正式参加方案征集活动（其中一家设计机构入围后因故退出）。

为帮助方案征集入围设计机构更好了解黄浦江现状，2017 年 2 月 14—15 日，上海市绿化和市容管理局向入围设计机构系统介绍这次征集方案的背景、需求，统一组织设计人员考察黄浦江现状（船行、岸上、制高点），并向各单位提供了包括黄浦江两岸贯通的规划方案、《上海市景观照明总体规划》（报批稿）、历年调研文字资料、夜景照片等大小近 10G 的详尽资料。

2017 年 6 月，组织由中国科学院院士常青领衔，国内外规划、景观、照明等领域专家组成的评审委员会对5家设计机构提交的方案进行评审。最终，BPI碧谱照明设计有限公司获一等奖（美国），AS+P亚德斯邦规划设计公司获二等奖（德国），R+F景观设计公司（日本）获三等奖，上海城市规划设计研究院有限公司和上海建筑设计研究院有限公司获优胜奖。

04 征集方案的评审

在国际征集方案过程中，始终坚持公开、公平、公正原则，严格按照既定工作方案实施；始终坚持大处着眼，细处着手，做好每一个环节的工作；始终坚持广泛吸取各方智慧的原则，开门推进征集工作。

组织了国内外知名专家组成的、具有国际水准的竞赛评选委员会。

表 2-1

姓　名	职　　务	主要业绩
常青（主席）	同济大学教授、博导、中国科学院院士，美国建筑师学会荣誉会士、上海市政府规划专家咨询委员会成员	上海"外滩源项目前期研究"与概念设计、"外滩轮船招商总局大楼保护与再生工程""豫园方浜路保护性改造工程""东外滩工业文明遗产保护与再生概念规划研究"等；曾获首届Holcim国际可持续建筑大奖赛亚太地区金奖。
郝洛西	同济大学教授、博导、中国照明学会副理事长	上海世博会以及上海市浦东新区、桂林等地照明规划等多项照明规划与设计，"863"课题《极地站区半导体照明应用及光健康》主持人，著有《城市照明设计》等。
梁荣庆	复旦大学教授、博导、中国照明学会副理事长、上海照明学会理事长	国家"863""973"专家，曾担任上海徐汇滨江、浦东新区及江浙多地照明设计评审专家组长。
梁峥	教授、中国城市规划研究院城市照明分院院长、住建部专家	深圳、海口、三亚、珠海等多个城市照明规划，住建部三亚试点"城市修补、生态修复"工作照明设计负责人。
李铁楠	教授级高工、中国建筑科学研究院建筑光学研究室室主任、中国照明学会设计师工作委员会主任	《绿色照明》《光污染与光侵害》等多部国家标准制定人；主持完成天安门广场、北京饭店、深圳深南大道、三峡水利枢纽等重大项目照明设计。
Charles Stone	美国著名照明设计师、国际照明设计师协会（IALD）前任主席、美国最大照明设计公司FMS合伙人	迪拜塔、上海金茂大厦、纽约世贸中心（新楼）、华盛顿纪念碑、时代广场跨年夜等全球著名照明设计。
Roger Narboni	法国著名照明设计师、法国CONCEPTO照明设计事务所创始人、法国照明设计师协会前主席	布鲁塞尔、雅典、图卢兹、波尔多等城市的夜景规划，在中国主持了杭州京杭大运河、都江堰夜景等设计工作。

评审活动分为中期评审与终审。2017年4月26—27日，进行了征集活动中期评审。其中，4月26日组织了评选委员会专家从傍晚进行的浦江实地考察，帮助专家全面了解浦江两岸白天与夜景现状，更好地有针对性的提出评审意见；4月27日全天听取参加单位的中期汇报，并向业主提出意见建议。会后，根据专家的意见建议，上海市绿化和市容管理局组织了5家设计机构参加的中期评审意见反馈会议，之后再单独与每一家商讨深化完善意见。中期评审全程保密，不留参赛单位任何书面或电子文件，深化意见也不涉及对中期成果的评价，只提深化要求。

图2-2　黄浦江景观照明设计方案国际征集成果中期评审

　　2017年6月5—6日，进行了黄浦江两岸景观照明设计方案国际征集成果的终审。其中，6月5日全天听取每家单位的终审汇报，每家单位有1.5小时汇报和答疑时间。为确保方案汇报效果和无障碍的交流，会议室专门配置了使用4×3米的LED屏幕和专业音响，为两位外籍评委配备了专业的同声翻译。会议全程进行录音、速记。6月6日上午9点至下午2点，由常青院士主持评选委员会闭门会议。按照事先经评选委员会专家讨论通过的评分办法，在交流讨论的基础上，每位专家

图 2-3　黄浦江景观照明设计方案国际征集成果终审　　　　图 2-4　黄浦江景观照明设计方案国际征集成果终审

独立打分，汇总专家评分后评选出本次征集活动的第一名至第五名。

在征集方案终评过程中，为了更好地听取每位专家的个性化意见，更多集聚专家智慧，我们还请每位专家在所有参评方案中，独立、书面推荐 5 个亮点或创新点，并说明推荐理由。

05《总体方案》的形成

按照通常的做法，各种设计方案征集活动常常由征集方案第一名设计机构负责集成其他设计机构的亮点，综合完成最终的方案，但是为了更客观、公正地集成国际公开征集方案成果，让国际招标设计方案成果得到更好的应用。也为更好吸纳以前有关黄浦江景观照明发展的研究成果与全社会征集的意见、建议，尽可能让最终方案成果更加完善，我们这次黄浦江景观照明总体方案编制采用了非常规的做法，在开展设计方案国际征集的同时，我们同期进行黄浦江两岸景观照明设计方案国际征集活动综合及深化单位招标。经过公开招投标及评标，在入围国际征集方案 5 家设计机构之外，2017 年 5 月底，最终确定上海复旦规划建筑设计研究院有限公司承担本次方案国际征集成果的综合、深化和总体方案的编制工作。

按照注重创新领先、注重上海特色、注重操作可行性等理念，博采众长、再次创造，优化整合了黄浦江景观照明设计方案国际征集成果、黄浦江两岸景观照明历次研究成果，吸纳了社会各方的合理化建议，并通过多种方式、多种渠道听取各方意见、专家咨询和论证，最终形成了《黄浦江两岸景观照明总体方案》(含《黄浦江两岸景观照明实施导则》)的报批稿（以下简称《总体方案》)。

值得一提的是，在《总体方案》编制过程中，始终贯彻"人民城市为人民"的理念，在开展黄浦江景观照明设计方案国际征集的同时，上海市绿化和市容管理局在主要媒体上发布消息，开通网站、微信公众号，面向全社会开展了以"共话浦江夜景梦"为主题的黄浦江夜景优化提升建议征集活动，广泛听取民意，集聚更多智慧，并将有益的意见、建议吸纳进《总体方案》。

06《总体方案》的报批

《总体方案》形成后，按惯例有送审、报批环节，考虑到《总体方案》不仅体量很大，而且涉及很多的专业语言、抽象数值，考虑到各级领导在审查时会耗费太多时间且难以全面感受方案实施后的效果，为此，我们决定自我加压制作效果视频，让《总体方案》中专业的名词、抽象的数值和创意的设计化为具象的视觉效果，让审查的各级领导能看到《总体方案》实施后可以实现的夜景效果。通过对浦江两岸重要节点、重要区域、重要构筑物制作效果图和建模方式，我们把《总体方案》的指导思想、设计理念、整体效果、特殊场景设计等关键要点配音解说，把《总体方案》汇报稿做成了一部未来黄浦江夜景的介绍短片，既节约了每次汇报的时间，也让各级领导对《总体方案》有一个直观的印象。实践证明，这种成果汇报方式是成功的。

从2017年9月至12月，市政府分管领导、主要领导、市委主要领导分别召开专题会议，听取《总体方案》汇报，对方案的进一步完善与高标准实施提出要求，2018年2月5日，上海市市政府常务会议审议通过《总体方案》。

07《总体方案》的主要成果

明确了集中提升改造的范围：黄浦江（吴淞口至徐浦大桥）两岸的景观照明，

包括建（构）筑物、跨江大桥、滨江空间、驳岸、码头、广场、绿地等照明。

明确了"璀璨浦江、魅力上海"的设计主题，根据历史文化风貌，在保持整体风格统一的基础上，对黄浦江夜景进行了分区：海上门户（浦西吴淞口至复兴岛南端，浦东吴淞口至杨浦大桥段）、工业印象（浦西复兴岛南端至杨浦虹口界，浦东杨浦大桥至浦东南路段）、经典传奇（浦西杨浦虹口界至南浦大桥，浦东南路至南浦大桥）、惬意风华（南浦大桥至徐浦大桥）四个分区。

明确了重要节点和设计要求。《总体方案》打破行政分区概念，统筹浦江两岸文化底蕴和历史风貌，明确了重要区域、重要构筑物的设计风格、照明方式、亮度、色温、动态及彩光要求，明确了照明控制模式和平日、节假日、深夜等开灯模式，并对重要场景、标志性构筑物设计了示范效果，对实施中新建、改建、局部改造等提出了建议。

明确了控制要求。《总体方案》根据不同区域、不同载体、不同时段实际，明确提出黄浦江两岸禁止设置媒体墙，对景观照明的亮度、色温、动态光、彩光等要素提出总体控制要求和不同区段具体控制要求，明确了黄浦江沿岸景观照明启闭实行集中控制，设立不同控制模式，明确提出了灯具质量要求与施工要求。指导沿岸新建、改建景观照明项目实施，使景观照明项目设计、施工与管理部门日常监管有参照依据。

附件 1

黄浦江两岸景观照明设计方案国际征集任务书

一、项目基本情况

1. 项目名称： 黄浦江两岸夜景照明设计方案

2. 项目范围： 黄浦江两岸，吴淞口至徐浦大桥

3. 项目对象： 方案设计对象主要包括项目范围内的建筑、桥梁等建（构）筑物，滨河通道、广场、绿地等公共空间通过人工光以装饰和户外造景为目的的照明。

4. 设计目标

在现有夜景照明的基础上，通过提升、完善，设计出与上海建设卓越全球城市匹配的，能够体现上海特点、文化特色、时代特征的夜景照明。

5. 方案要求

（1）上海特色：黄浦江的夜景应能充分体现上海城市特色和文化传承，让上海市民有获得感，让全球游客有幸福感。

（2）服务旅游：黄浦江夜景要为黄浦江建设成为上海具国际知名度、体现上海传统和文化特色的旅游目的地服务，夜游浦江要成为黄浦江旅游最具特色组成部分。

（3）节能环保：合理布局黄浦江两岸景观照明，控制照明总量。采用多种控制模式，降低景观照明的能耗。应用高效节能的光源灯具和智能控制系统，避免光污染。

（4）提升完善：黄浦江两岸夜景已是上海的一张城市名片，本次设计要在原有基础上延续、完善和提升。

（5）可操作性：设计方案要符合上海实际，具有可操作性，能在 3 年、5 年内 2 个时间节点完成设计方案的实施。

（6）原创性：设计方案不能照抄照搬全球其他城市的夜景创意，要避免使用已被过度使用的照明手法、元素、意向。

6. 方案内容

（1）黄浦江夜景照明现状分析。

（2）黄浦江两岸夜景照明整体布局及概念设计方案。

（3）黄浦江两岸重要节点夜景照明设计方案。

7. 方案深度

（1）黄浦江两岸夜景照明现状分析，包括实地调查、现状分析、问题分析、解决对策。

（2）黄浦江两岸夜景照明整体布局及概念方案，包括对黄浦江两岸夜景照明分区布局、亮度、色温、动态光、彩色光等要素提出控制要求，并展示黄浦江两岸夜景照明的整体效果。可以考虑两个时间点能够完成的城市设计、景观设计等有助于夜景提升的辅助措施。针对浦江夜游提升和路线扩展提出相应策略。

（3）重要节点夜景照明设计方案，选取 4—5 个黄浦江两岸重要节点，对其进行夜景照明方案重点设计，明确提出照明方式、多模式展示以及展示效果，展示效果要出效果图，明确控制方式、能耗分析。重点节点夜景照明设计方案不需要施工方案。

二、规划背景

黄浦江两岸景观照明自 20 世纪 80 年代末起步建设，至今已形成以外滩为代表的建筑泛光照明群体，以浦东新区陆家嘴为代表的现代建筑灯光群体，以东方明珠、南浦大桥、卢浦大桥为代表的标志性建筑灯光群体。黄浦江两岸的夜景已经成为上海的一张城市名片。

随着黄浦江两岸开发力度的加大，原有的夜景已表现出了一些问题，如核心区域短、景观碎片化、连贯性不足、部分区域不协调等问题，与打造具有国际知名度的旅游目的地的形象不匹配，与上海建设成为卓越的全球城市的目标不相适应。

本次方案的征集，将立足浦江、着眼全球，向全世界征集黄浦江两岸夜景照明方案，打造国际一流的城市滨江夜景。

三、方案设计执行标准

1. JGJ163 城市夜景照明设计规范

2. DB31/T316-2012 上海市城市环境装饰照明规范

3. GB 50189 公共建筑节能设计标准

4. GB50034 建筑照明设计标准

四、方案成果要求

1. 方案成果

"黄浦江两岸夜景照明设计方案"

2. 成果形式

（1）成果文件的内容包括方案设计说明和图纸，由文本版和电子版（含 ppt 汇报稿）组成。

（2）文本版内容包括封面、目录、方案设计说明、图纸及图示等，全部方案说明和图纸以 A3 规格编排装订成册。

（3）方案设计说明应详细表达设计的意图、目标。文字说明应包括：设计范围、设计目标、设计理念、设计原则，方案实施期限，布局结构，色温、亮度、彩色光、动态光控制要求，控制方式等内容。

（4）重要节点设计方案要有方案设计图，有视频效果展示更佳。

（5）电子版用 pdf 或 jpg 格式，图片分辨率不小于 300dpi。

（6）方案初步汇报及专家评审阶段应提供足够数量的文本用于评审。方案终稿应提供全本的电子文件（pdf 格式）和简化的供汇报所用的电子文件（ppt 格式）。

3. **成果运用**

设计机构在获得设计补偿费后，其全部方案设计成果的知识产权归方案征集人所有，征集人获得的方案成果仅限用于本项目。

五、时间及成果要求

1. 第一阶段，4 月 25 日，提交黄浦江两岸夜景照明布局和概念设计方案，包含分析图、意向图和效果图、视频、动画（如有需要）等。

2. 第二阶段，5 月 25 日，提交黄浦江两岸 4—5 个重要节点夜景照明设计方案，含分析图、效果图、重要节点大样、视频、动画（如有需要），并提出三年、五年内实施的计划分解和投资估算、能耗分析。

附件 2

黄浦江两岸景观照明设计方案设计机构国际征集评审办法

一、评审的依据

1. 依据《黄浦江两岸景观照明设计方案国际征集项目公告》，参考《中华人民共和国招标投标法》《评审委员会和评审办法暂行规定》等相关法律法规，制订本办法。

2. 本次评审采用：记名投票法

二、评审的保密

1. 评审应在严格保密的情况下进行，在报名材料的评审和比较、入围单位推荐以及授予合同的过程中，应征单位向征集单位和评审委员会施加影响的任何行为，将取消入围资格。

2. 与应征单位有利害关系的人不得进入评审委员会，评审委员会成员的名单在入围结果确定前应当保密。

三、评审标准

评审委员会遵照公开、公平、公正的评审原则，严格按照征集公告的要求和条件进行评审，平等对待所有应征单位，并根据以下要求中所列各方面对应征单位的报名材料进行评审：

1. 设计机构的规模实力、业绩和荣誉

境内投标人具有相关主管部门核发的设计资质（含照明、城市规划、建筑行业、风景园林工程）者优先；具有一定的国际知名度者或在国内较大有影响力的优先；在北京、上海、广州、深圳等城市有较大规模城市景观设计或景观照明设计业绩者优先；有大型城市滨水夜景设计或景观设计业绩者优先。

境外投标人具有一定国际知名度的优先；具有在所在大洲一线城市规划、景观、夜景设计业绩者优先；在中国有一定代表性或知名度的相关城市夜景设计或景观设计业绩者优先；在纽约、伦敦、巴黎、东京、香港等公认的全球城市，有已经完成的类似项目设计成功案例者优先。

景观设计或夜景照明设计业绩获得过国际专业奖项者和中国国家级专业奖项者优先；获奖等级高者、数量多者优先。

2. 本项目拟派主创设计师的设计业绩

有国际和国内业界有一定知名度的优先；曾经主持并完成类似项目设计者优先。

3. 本项目拟派设计团队的人员配置和业绩

参与本项目工作团队组成中，包含规划、建筑设计、景观设计、照明设计、艺术设计等各工种设计人员配置较全者优先；具有类似项目设计业绩者优先。

4. 应征单位主要负责人或者合伙人亲自领衔设计者优先。

四、评审程序

1. 征集代理单位介绍应征单位基本概况；

2. 评审委员会查阅应征资料；

3. 初评：

评审委员会以记名方式投票。

按照征集公告要求，每位评委推荐 6 家单位，经统计汇总后，按得票多少进行排序，并将得票数前 8 名应征单位作为入围候选单位进入第二轮评审。如出现第 8 名得票数相同的情况，一同作为入围候选单位进入第二轮评审。

4. 终评：

评审委员会以记名方式投票，在入围候选应征单位中推荐 6 名应征单位。经统计汇总后，按得票多少进行排序，并将得票数前 6 家应征单位作为入围单位。

终评时如出现第 6 名得票数相同的情况，则由评审委员会针对第 6 名的应征单位进行第三轮一次性投票，一人一票，直至分出先后顺序。

最终入围应征单位名单由评审委员会全体成员签名确认。

五、评审结果应用

由征集服务单位将评审结果报告征集单位，通知入围单位，并根据征集公告，在相应媒体发布评审结果。

附件 3

黄浦江景观照明方案国际征集设计方案评审办法

1. 由每位评委根据查阅应征机构提交的成果资料、听取成果汇报，独立评定每家应征机构提交成果是否达到国际征集方案任务书要求。

2. 由每位评委根据查阅应征机构提交的成果资料、听取成果汇报，对每家应征机构成果内容按照《黄浦江景观照明方案国际征集项目方案评分细则》独立打分，根据每位评委独立打分统计，评出五家设计机构第一至第五名排序，如出现两家以上机构得分相同，则评委重新对同分机构进行单独评分，直至分出名次。

3. 每位评委针对每家应征机构的成果，从设计主题、理念、重要节点设计、技术等各方面甄选推荐方案创新点或亮点；每位评委从所有应征方案中推荐不少于 5 个创新点或亮点，填写推荐表，并简要表述每个亮点的推荐理由。

附：黄浦江景观照明国际征集项目方案评分细则

序号	分　项	内　容	分　值
1	创新性和特色性	针对上海和黄浦江的实际，创新性提出黄浦江夜景的理念特色以及对浦江夜景现状提升、完善的方案，方案具有技术、理念、表达、内容或手法上的创新和突破，具有原创性。	0—40
2	整体规划和重点设计	对黄浦江两岸（尤其是杨浦大桥到徐浦大桥段 22 公里核心段）的夜景提炼出鲜明的主题，做出夜景照明整体规划和分区布局，并提出亮度、色温、动态光、彩色光等要素系统的控制要求；完成黄浦江两岸 4—5 个重要节点夜景照明方案重点设计方案，突出重点，完善地安排了夜景照明的节奏、观赏视点、地标性节点等。	0—30
3	工作深度及完整性	对黄浦江两岸景观照明现状做出了较详尽、完整的调研和分析并提出解决对策，包括实地调查、现状分析、国内外案例借鉴和解决方案；提出黄浦江两岸景观照明概念方案，并展示整体效果；对浦江夜景的提升、完善与黄浦江旅游发展做出统筹安排。	0—10
4	可实施性和可操作性	夜景设计方案具有先进性和适度的超前性，新增项目投资估算、能耗分析合理，基本符合实际，3 年、5 年内实施的计划分解合理，具备实施可能。	0—10
5	成果提交和汇报	按时提交方案成果，所提交成果纸质和电子文档完整；成果汇报突出重点，重要设计效果有视频演示，理念清晰，表达生动，具有感染力。	0—10

附件 4

黄浦江景观照明国际征集项目评委评审表

序号	成果内容	赋予分值	评委评分	备　注
1	创新性和特色性	0—40		
2	整体规划和重点设计	0—30		
3	工作深度及完整性	0—10		
4	可实施性和可操作性	0—10		
5	成果提交和汇报	0—10		
合计		0—100		

应征机构：

对照国际征集方案任务书，本评委认为该机构提交成果

□ 已达到国际征集方案任务书要求

□ 未达到国际征集方案任务书要求

评委签名：   2017 年 6 月 6 日

黄浦江景观照明国际征集设计方案创新点（亮点）推荐表

创新点或亮点	设计单位	推荐理由

评委签名：   2017 年 6 月 6 日

第三章

探索实践

———————

黄浦江景观照明建设的基本做法

丁勤华

01 建立联席会议机制

为加强黄浦江景观照明建设工作的统筹协调，2018年2月6日，上海市政府召开专题会议，明确建立黄浦江景观照明建设工作联席会议机制，负责协调、推进《总体方案》的实施。联席会议由分管副市长和副秘书长牵头，成员由市发展改革委、市财政局、市交通委、市城乡住房建设委、市规资局、市文旅局、市电力公司、市绿化和市容管理局负责同志，以及浦东新区、徐汇区、黄浦区、虹口区、杨浦区、宝山区政府分管副区长组成，联席会议下设办公室设，由市绿化和市容管理局承担办公室职能，负责与各区管理部门、设计和施工团队工作的直接对接，及时掌握推进动态，通过会议、调研和编发《工作动态》等形式，及时传达市委市政府领导指示精神和有关会议要求，通报各责任单位的工作进度、项目推进情况及相关工作信息。

02 明确重点任务

根据市政府常务会议和专题会议精神，2018年3月1日，联席会议办公室印发《黄浦江两岸景观照明总体方案实施计划》，明确了重点任务、责任主体和时间节点。黄浦江景观照明集中提升改造的重点任务主要包括三个部分：一是黄浦江两岸1000余栋建筑，杨浦、南浦、卢浦和徐浦四座跨江桥梁以及滨江绿化、岸线等景观照明的新建、改建与提升。二是集中控制系统建设，开发黄浦江景观照明集中控制系统，兼容所有新建、改建和已有的景观照明控制设施，在传统智能照明控制系统中实现集中控制、反馈照明设施状态、用电统计及控制、断电和被盗报警等基础上，增加通过数据采集、分析，调整亮灯模式等功能，建设能够全方位、实时展现浦江两岸景观照明的效果、具体情况和数据的集中控制系统。三是特效系统建设。在常规景观照明之外，根据黄浦江文化传承、经济发展、旅游和重大活动保障需要，实施特定效果的景观照明建设项目，包括：黄浦江两岸景观照明节假日模式效果，外滩、陆家嘴、北外滩核心区域等重要节点灯光联动的夜景效果，重大节庆活动预留临时性、表演性景观照明设施。

03 明确责任分工

根据黄浦江景观照明建设体量大、时间紧、要求高的实际情况，推进实施采用市级统筹、分区实施的办法，市绿化和市容管理局除了负责总体协调推进、效果把控外，还具体负责集中控制系统建设；黄浦区、虹口区、杨浦区、浦东新区、徐汇区、宝山区分别负责辖区范围黄浦江滨江景观照明建设，而跨江桥梁、沿江码头等市属设施的景观照明建设由市交通委负责实施。

04 明确时间节点

鉴于2018年首届中国国际进口博览会召开在即和将要迎来的新中国成立70周年、建党100周年等重要活动、重要节庆保障需要，明确《总体方案》的五年计划，按照"三年任务、两年基本完成，重要节点当年见效"原则加快实施，即2018年11月前（第一届中国国际进口博览会前）基本完成杨浦大桥至南浦大桥区域景观照明建设，核心区域景观照明初见成效；2019年9月（新中国成立70周年前）完成杨浦大桥至徐浦大桥景观照明建设，两岸贯通区域浦江夜景有明显成效；2020年吴淞口至徐浦大桥黄浦江两岸重要节点夜景基本建成。

05 明确基本要求

市政府专题会议明确指出，作为一个国际化都市，如此大规模的改造提升的结果必将为世界所瞩目。黄浦江景观照明建设必须对标国际"最高标准、最好水平"，必须在遵循《总体方案》的基础上深化设计，但不能各搞各的；黄浦江两岸景观照明集中改造提升的成果，要有传承、有创新，要具有让我们的市民、海内外游客眼睛一亮的效果，要经得起时间的检验，改造提升的成果，五年、十年后依然不落后。

为确保黄浦江两岸景观照明建设的质量，确保《总体方案》效果的实现，根据市政府专题会议精神，联席会议办公室发文明确：一是所有涉及浦江两岸景观照明项目深化设计方案须经"黄浦江两岸景观照明建设"联席会议办公室组织专家审核通过后方可实施；二是《总体方案》涉及的浦江两岸所有景观照明设施单体项目必须遵循《总体方案》提出的控制要求，纳入集中控制系统；三是对黄浦江两岸景观照明建设所采用灯具在符合照明设备的各种相关国标和上海地方标准的基础上，必须同时满足联席会议办公室制定颁布的《黄浦江两岸景观照明提升深化实施方案灯具技术要求》；四是黄浦江两岸景观照明建设中各责任单位应根据联席会议办公室制定颁布的《黄浦江两岸景观照明提升深化实施方案灯具检测要求》，对灯具质量负责把控。

06 建立专家委员会

黄浦江两岸景观照明建设涉及面广，为更好地为这项建设工程提供技术支撑，联席会议办公室延聘国内包括照明、规划、创意设计、审价、法律等方面的专家，组成黄浦江景观照明建设专家委员会，总体任务是为《总体方案》整体效果的完美呈现提供技术支撑，主要是三个方面任务：一是审查各责任单位深化设计方案；二是指导各责任单位解决项目实施过程中遇到的各种技术问题；三是协调浦江两岸之间、区与区之间夜景效果整体和谐。

07 建立深化设计方案审查制度

《总体方案》是一个原则方案，在确保浦江两岸基本的整体效果协调的前提下，给具体实施留下了再创新的空间，但实施主体分散，也容易导致具体实施时走样。为确保《总体方案》既定的两岸景观照明效果完美实现，明确各区和相关部门具体实施时，要严格依据《总体方案》的要求编制深化设计方案，且深化设计方案须经联席会议办公室组织专家审核通过方可实施。

深化设计方案的审查主要对照明效果（包括亮度、色温、彩光、动态光控制等），灯具选型、安装节点、控制模式、工程概算等相关要素进行专业把关，具体实施时分为预审和复审。

预审主要审查如下内容：

（1）深化设计方案说明；

（2）各设计对象的照明效果图或视频动画；

（3）各设计对象重要部位的灯具布局示意，包括灯具配光、布置方式、光源类型、功率、色温及显色性；

（4）计划采用的照明控制方式及其技术标准、设置的照明模式及场景；

（5）对于必须整改的现有照明设施，提出整改措施；

（6）估算工程初始投资、能耗。

各责任单位完成本区域（项目）的深化设计方案后报送市联席办，由联席办组织专家进行预审，出具《黄浦江两岸景观照明深化设计方案预审意见》[见附件3-1（2）]，反馈给责任单位，由设计单位调整、修改、完善。

复审主要审查如下内容：

（1）照明设计说明和图纸索引；

（2）最后定稿的设计效果图及视频动画；

（3）总平面照明设备布置图；

（4）分区照明设备布置图（平、立面布置图，含灯具代号、尺寸、安装位置）；

（5）照明设备细部节点图；

（6）照明电气图、控制回路图、灯具控制回路表；提出照明分时段控制方案；照明控制方式及设备类型应符合黄浦江两岸景观照明总控系统的要求；

（7）详细的灯具规范（含方案中所涉及的特色灯具、非标灯具具体设计图与说明等）；

（8）施工图文本资料和招标所要求的技术文件（含工程概算）；

（9）照明设备的管理及维护计划（含照明设备维护管理档案组织框架，检查和维修照明设施的建议等）。

各责任单位根据预审意见及其他渠道征求意见，修改完善方案后报市联席办，由联席会议办公室组织专家进行复审，出具《黄浦江两岸景观照明深化设计方案复审意见》[见附件 3-1（3）]。复审通过后由各责任单位按有关要求立项、招标和实施。

具体审查时，联席会议办公室先将方案送达相应专家，由专家依据《总体方案》独立审查，提出个人意见，在此基础上由联席办组织专家审查会，反馈经集中的专家意见，同时也与负责深化设计专业单位沟通，听取他们的想法。这样做既节省时间、提高效率，同时又有民主基础上的集中，有利于思想的统一和更多智慧的集聚。

08 广泛开展社会动员

黄浦江两岸景观照明建设，不仅是一项建设工程、一项技术活，1000 余栋楼宇，从产权主体看，既有外资独资企业、合资企业，也有民营企业和个人产业。即使国有企业，也存在央企和上海地方企业的不同，在这些不同主体的建筑物上安装灯具设施，而且大多需要从建筑原有供电渠道输电。让业主了解灯光建设的重要意义，统一思想、争取支持是工程实施的前提条件。从这些建筑的用途看，既有商务办公楼，也有宾馆酒店，还有居民住宅，不同建筑使用者作息时间各不相同，而景观照明建设具体施工时间相对集中，工期紧张，并且往往与上海夏秋之交台风多发期吻合，如何赢得理解与支持，在最大程度上减少对办公、居住干扰这一前提下，争取尽可能多的施工时间，也需做大量的沟通工作。三年时间里，为了保障建设工作的顺利推进，不仅是各级景观灯光主管部门、街镇政府做了大量的社会协调工作，很多社区党支部也参与其中，也做了大量的动员工作，保证了建设工程的正常实施。黄浦江景观照明建设工作的推进实际上也是一次社会动员的过程，因此，社会动员是大型景观照明项目建设过程中必须重视的工作环节。

09 督查督办

黄浦江景观建设涉及责任主体多，承担任务量不同，工作难度也不一样，实施的具体做法也各不相同，为保持各区、各责任主体按照实施计划步调一致地推进建设，我们采用多种方式推进工作。

一是经常性督办。充分发挥联席会议办公室综合协调作用，加强与各责任单位沟通，及时掌握各种信息，不定期编发《工作动态》，及时传达市委市政府领导指示精神和有关会议精神，介绍各种工作典型，通报各责任单位的工作进度、项目推进情况及相关工作信息。在工程建设冲刺阶段，每日通报每栋楼建设进度。

二是不定期督查。积极争取市委、市政府办公厅的支持，在不同建设阶段的关键时期，由市委、市政府督查室对黄浦江景观照明建设推进情况开展专项督查，在听取牵头部门、责任单位汇报和现场检查的基础上，由市委、市政府督查室提出督办意见，推动项目建设。

三是专项报告。在黄浦江景观照明实施过程中，对一些涉及面大、部门难以协调的问题，需要市领导决策的问题，由联席会议办公室及时书面专项报告给市政府，由市领导视情况书面批示或召开专题会议协调明确。

四是现场督查。在实施黄浦江景观照明建设的三年里，除景观照明管理部门组织专家团队进行了无数次的现场检查外，市政府分管领导、市委市政府主要领导还多次到黄浦江现场实地检查，肯定取得的成绩，指出存在的不足，对相关责任部门、单位提出工作要求。

10 广泛听取市民游客意见建议

在黄浦江景观照明总体方案编制、建设的过程中，注意发扬民主，开门搞建设，联席会议办公室通过"上海发布""绿色上海"等平台，经常性地发布黄浦江灯光改造进展信息，开通专用邮箱，征求社会各界对浦江灯光改造提升的意见建议，进一步听取民意，集聚民智，引导市民游客理解上海特色的夜景，并积极采纳市民游客的合理建议完善灯光效果。这种建设过程中发扬民主的互动方式，事实上得到了很好的社会效果，不仅听到了市民游客的合理建议，而且赢得了更多市民游客的理解支持！

附件 3-1

黄浦江两岸景观照明深化设计方案审核办法

根据上海市人民政府批准的《黄浦江两岸景观照明总体方案》（以下简称《总体方案》）和 2018 年 2 月 5 日市政府常务会议精神，为确保黄浦江两岸景观照明效果完美实现，各区和相关部门涉及浦江两岸景观照明深化设计方案须经联席会议办公室组织专家审核通过方可实施。具体审核办法如下。

一、审核依据

《上海市景观照明总体规划》（沪府〔2017〕91 号）

《黄浦江两岸景观照明总体方案》（沪府〔2018〕15 号）

《上海市城市环境装饰照明规范》（DB31/T316-2012）

《城市夜景照明设计规范》（JGJ/T163-2008）

《城市照明节能评价标准》（JGJ/T307-2013）

二、审核的主要内容

1. 行政区方案包含本区滨江的标志性建筑物构筑物、其他建筑、绿化植物、灯光小品所有景观照明方案。

2. 具体深化方案包括效果（效果图、动画或多媒体）、设计说明、灯具选型、安装节点等。

3. 设计概算。

4. 方案关于亮度、色温、彩光、动态光控制控制指标。

5. 方案照明控制系统通信标准，扩展兼容性；开灯模式预设情况。

6. 灯具产品和管线等辅材的选择，质保期限；安装位置隐蔽性和可维护性等。

（详见附件 1：黄浦江景观照明深化设计提交成果要求）

三、审核的流程及成果

1. 预审。各责任单位完成本区域（项目）的初步方案后（领导审定、项目报批前），由各牵头部门报送联席办，由联席办组织专家进行预审，出具《黄浦江两岸景观照明深化方案预审意见》，反馈给牵头部门，由设计单位调整、修改、完善。

2. 复审。各责任单位根据预审意见及其他渠道征求意见，修改完善方案后报联席办复审，由联席办组织专家进行复审，出具《黄浦江两岸景观照明深化方案复审意见》，复审通过后由各责任单位按有关要求立项、招标和实施。

四、审核方式

联席会议办公室通过委托"黄浦江两岸景观照明建设专家委员会"专家独立审查或组织专家评审会等多种形式，提出审核意见。

附件1：《黄浦江两岸景观照明深化设计提交成果要求》[见后文附件3-1（1）]

附件2：《黄浦江两岸景观照明深化方案预审意见表》[见后文附件3-1（2）]

附件3：《黄浦江两岸景观照明深化方案复审意见表》[见后文附件3-1（3）]

附件 3-1（1）

黄浦江两岸景观照明深化设计提交成果要求

一、预审阶段

1. 深化设计方案说明；

2. 各设计对象的照明效果图或视频动画；

3. 各设计对象重要部位的灯具布局示意，包括灯具配光、布置方式、光源类型、功率、色温及显色性；

4. 计划采用的照明控制方式及其技术标准、设置的照明模式及场景；

5. 对于必须整改的现有照明设施，提出整改措施；

6. 估算工程初始投资、能耗；

7. 明确 2018 年 9 月前能够实施见效的项目。

二、复审阶段

在根据预审意见补充完善的基础上，提供：

1. 照明设计说明和图纸索引；最后定稿的设计效果图及视频动画；

2. 总平面照明设备布置图；

3. 分区照明设备布置图（平、立面布置图，含灯具代号、尺寸、安装位置）；

4. 照明设备细部节点图；

5. 照明电气图、控制回路图、灯具控制回路表；提出照明分时段控制方案；照明控制方式及设备类型应符合黄浦江两岸景观照明总控系统的要求；

6. 详细的灯具规范，并对方案中所涉及的特色灯具、非标灯具进行细化设计，以便指导灯具厂家生产；

7. 提交施工图文本资料和招标所要求的技术文件（含工程概算）；

8. 提出照明设备的管理及维护计划，提出照明设备维护管理档案组织框架，制定检查和维修照明设施的管理建议。

附件 3-1（2）

黄浦江两岸景观照明深化方案预审意见表

项目名称：					
送审时间		送审形式	文本	电子文档	
联系人					
项目负责单位					
项目设计单位					
预审意见					

审核结论：□问题较多，退改（退改项目必须重新预审）。
　　　　　□基本符合要求，修改完善后复审。

黄浦江两岸景观照明建设联席会议办公室

年　　月　　日

黄浦江两岸景观照明深化方案复审意见表

项目名称：					
送审时间		送审形式	文本		电子文档
联系人					
项目负责单位					
项目设计单位					
复审意见					

审核结论：□问题较多，退改（退改项目必须重新复审）。
　　　　　□基本符合要求，修改完善后实施。

黄浦江两岸景观照明建设联席会议办公室

年　　月　　日

附件 3-2

黄浦江两岸景观照明建设灯具技术要求

按照市委市政府提出的"最高标准、最高水平"建设要求，为确保黄浦江两岸景观照明建设的质量，在满足灯具各种相关国标和地方标准的基础上，对黄浦江两岸景观照明总体方案实施建设过程所选用的照明灯具提出下列具体要求。

一、通则要求

1. 所有灯具必须具备符合国家规范的灯具合格证明书。在提供灯具样品时附带检测报告及 3C（或 CQC）认证。中标后，投标人确定的灯具必须送样检测，由市联席办送至市联席办认可的第三方检测机构，送样及检测等相关费用无论检测合格与否，均由中标人承担；检测不合格，须无条件更换，直至合格，工期不顺延，并由投标方承担由此造成的检测费用及其他一切损失。灯具检测报告应提供：光学、安规及电磁兼容等内容，必须满足深化设计对灯具的技术文件相关指标要求。

2. 提供灯具合格证、安装说明书等。

3. 所有灯具（含光源电器）质保 5 年。

4. 按本技术要求及具体的设计师对灯具的参数要求提供可安装点亮的完整灯具实样 2 套供封样检测。

5. LED 灯具报价必须包含：灯具、电源、安装支架、控制器（如有，可分项报价）等。

6. 灯具效果需经设计单位、市联席办专家委员会检验后最终确认。

7. 灯具出线长度 ≥ 0.5 m。

8. 所有灯具外壳颜色，必须根据现场条件最终确定色卡号。

9. 生产厂商须提供符合 IES LM-63-2002 的光学测试数据，这些数据必须由独立第三方测试实验室提供。

10. 生产厂商须提供应用软件工程服务，厂商须在项目开始或进行过程中提供一名技术工程师进行现场的监督、管理。

11. 厂商须具备 5 年以上的智能 LED 系统研发、销售、供应和维护经验。

12. 灯具须有防止内部积水及水气的设计。灯具的材质及尺寸需具有足够的散热设计。具有散热孔的半户外型灯具需于散热孔处设有金属防虫网。所有可能受到人行及车行压力的嵌入地面灯具应提供抗压测试报告。铝制灯具所有螺丝及五金需为电镀或同等品；不锈钢制灯具所使用的螺丝及五金需为不锈钢制；铜锡合金（Bronze）制的灯具所使用的螺丝及五金需为不锈钢制或铜锡合金。所有可调整角度的灯具需具备锁定的设计，以防日后维修时改变既定的角度，不得仅以金属支撑架之间的摩擦力定位。

二、LED 灯具要求

1. 光源要求

（1）该类灯具的主要元器件 LED 封装器件（Package）品牌应限定在 CREE、Lumileds、OSRAM、Nichia 范围内。单色 LED 的峰值波长应为目标峰值波长 ±5 nm 以内，白光 LED 的色温应在目标色温 ±50 K 之内。芯片必须提供报关单或原厂证明。LED 的光学透镜及封装工厂需要是上述 LED 芯片厂正式认可的工厂，以确保有良好的散热，芯片结温与灯具测温点的温差应 ≤ 15 ℃。

（2）采用大功率 LED 封装器件（单颗 ≥ 1 W）的灯具色温在 2700 K ~ 5000 K 区间内时的光效必须达到 60 lm/W 及以上；RGB、RGBW 灯具光效必须达到 40 lm/W 及以上。采用小功率 LED 封装器件（单颗 ≤ 0.5 W）的灯具色温在 2700 K ~ 5000 K 区间内时的光效必须达到 50 lm/W 及以上；RGB、RGBW 灯具光效必须达到 30 lm/W 及以上。

（3）白光 LED 封装器件的显色指数 Ra ≥ 80，红色特殊显色指数 R9 ≥ 50；核心区域（外滩、陆家嘴、北外滩区域）Ra ≥ 90，R9 ≥ 90。

2. 灯具要求

（1）灯具总功率 >40 W 的大功率 LED 灯具应内置温控保护功能，并要求带有防水透气膜平衡装置。

（2）有颜色和光强变化要求的 LED 灯具，应内置自动动态电流调节。

（3）所有 LED 灯具满载负荷两小时后，外壳温度爿高 ≤ 30 ℃。现场安装后抽检灯具的外壳温度。

（4）所有 LED 灯具引出线线径 ≥ 2.5 mm²，相线、零线的颜色必须符合国家规定。

（5）有针对感应雷击及静电的专用防护元件，器件性能符合 IEC61000-4（Level 4）的检测标准。

（6）光通维持率：在现场使用条件下，一年后在额定功率下灯具的光通维持率应不低于95%；两年后，灯的光通维持率不低于90%。现场安装后抽检灯具的照度，分别在一、两年后再抽查，两项比较。

（7）灯具出线接插件，必须采用金属接插件 3040 或工业级耦合器，或同等、优于上标准。所有接插件，IP ≥ 66。

（8）灯体必须采用抗老化硅橡胶圈或同等、优于上标准。

（9）灌胶材料必须采用硅胶灌胶或同等、优于上标准。

（10）LED 灯具有效寿命：不小于 20000 h（光衰 70% 即视为失效）。

（11）由于需要在潮湿的环境中使用，LED 灯具本身须密封，并在相应的环境中通过检测，而不是单纯依靠附加的外壳达到防水效果。需通过对应的 IP 试验。

（12）在满足总体方案及深化设计方案对灯具的配光要求的基础上，灯具及其安装附件应尽可能小巧便于隐蔽，在建筑上安装后尽可能不易被行人观看角度看到。

3. 电源要求

（1）根据具体灯具要求配置内置或外置电源。该电源必须为灯具标配，不得随意更换。

（2）灯具功率因数不小于 0.9。

（3）外露驱动电源应考虑一体式防水和散热。需通过对应的 IP 试验和热试验。

（4）大功率 LED 灯具电源要有过载过压短路保护，自动温控保护。

（5）灯具电源必须符合国家相关标准，工作环境为：温度 −20 ℃～ 75 ℃，相对湿度 0 ～ 100%。

（6）外置电子恒压电源集中供电，所提供电源的输入功率为所载灯具总功率的 1.2 倍以内，质保期五年。

4. 控制要求（本条内容如与《黄浦江两岸景观照明集中控制终端技术要求》有所不同，以《黄浦江两岸景观照明集中控制终端技术要求》的要求为准）

（1）灯具必须能按照《黄浦江两岸景观照明集中控制终端技术要求》接受集中控制系统的控制并反馈灯具状态、功耗等信息。

（2）有颜色和光强变化要求的 LED 灯具采用 DMX512/1990、DMX512-A 或 DALI/DALI2 标准控制协议系统，或兼容于上述协议，保证灯具可受控于第三方 DMX512-1990、DMX512-A 标准、DALI/DALI2 控制器。在采用 DMX512 总线时，灯具宜支持 RDM 协议，实现基于 DMX 总线的单灯灯具工况、状态、能耗数据应答。

（3）控制器联机信号接口宜采用百兆 / 千兆以太网接口或 SFP 光纤接口，控制信号传输层协议应采用 TCP 或 UDP 协议，控制信号应用层协议宜采用 Art-Net、ACN 或其他开放协议。

（4）通信保护功能：控制设备必须具备浪涌抑制保护的功能，静电抑制保护功能，过压、短路、温度保护功能和斜率、空闲保护功能。

（5）LED 灯具（全彩型）变化控制系统必须能够实现色彩渐变，色彩变化的速率可调节，包括缓变与快速变化，但不是跳变。单颗芯片可以实现从 0 ~ 100% 的亮度变化。有变化要求的 LED 灯具灰度级别必须达到 $256 \times 256 \times 256$ 位灰度，灰度刷新频率应 ≥ 3000 Hz。灯具调光到 30% 时不频闪。要求发出 1670 万种真彩色的高亮度投射光，实现全场景同步色彩渐变及追光等各种动感色彩效果，色彩过渡要求平稳、圆润，色彩还原要求逼真、细腻、自然。

（6）控制端口到末端灯具的通信距离 ≥ 300 m，并在加装放大器的情况下可以延长通信距离至 1000 m。

（7）系统运行时，单个 LED 灯的故障必须只表现为它本身的故障，不得引起其他 LED 灯连带故障而扩大故障面。

（8）控制器收到指令后作出响应的时间不得大于 1 s。

（9）控制系统要具有在温度 −20 ℃ ~ 75 ℃，相对湿度 0 ~ 100% 且无人值守的环境下长期稳定工作的能力。解码器工作环境温度：−20 ℃ ~ 85 ℃，或正负温度范围更大。

（10）LED 系统须提供超过每秒 30 帧的传输速率。

三、灯体和灯杆要求

1. 材质要求：灯杆体材质 4 mm Q235 钢板，附钢材生产厂家"产品质量证明书"。法兰盘材质 16 毫米 Q235 优质钢板，附钢材生产厂家"产品质量证明书"。

2. 加工工艺要求：灯杆采用圆形钢杆，必须采用自动埋弧焊接工艺。整个杆体应无任何一处漏焊，焊缝平整，表面光滑，无任何焊接缺陷。焊接工艺符合国家标准。

3. 热浸锌防腐处理平均厚度应达到 70 μm 以上。

4. 喷塑要求：表面喷塑处理，喷塑涂层外观表面光滑，平整，无露铁、桔皮、细小颗粒和缩孔等涂装缺陷。

（1）喷塑表面涂层平均厚度应达到 85 μm 以上。

（2）喷塑涂层的附着力应达到 GB/T 9286 规定的 0 级要求。

（3）喷塑涂层的硬度应按 GB/T 6739 规定，并达到 2H 要求。

（4）喷塑涂层的冲击强度 ≥ 1 kg/50 cm，并符合 GB/T 1732 的要求。

5. 颜色要求：颜色必须由设计单位根据现场条件最终确定色卡号。

6. 配置要求：检修门内配置不锈钢螺丝（母）和不锈钢垫片，灯杆套接、固定处配置不锈钢材质螺丝（母），配置灯杆安装的镀锌螺母。灯杆和检修门在进行了镀锌工艺后，严禁再进行焊接工艺。

7. 运输包装标准：包装应牢固，保证在运输过程中包捆不松动，避免构件之间、构件与包装物之间相互摩擦，损坏表面处理层。

8. 钢管管体的突出部分，如法兰、节点板等，采用有弹性、牢固的包装物包装。

9. 包装应采用合理的包装材料（草包、垫木、腈纶带、支架、打包带、打包扣、胶带等），采用合理的包装方式保证钢杆镀锌层 / 喷塑层等在储存、运输过程中不会因为颠簸、碰撞而表面划伤和变形。

四、其他

1. 本技术要求的解释权归黄浦江两岸景观照明建设联席会议办公室。

2. 本要求未定事项，参照国家有关标准。

3. 舞台效果等特殊灯具参照相关标准。

附：相关灯具标准

序号	编　号	名　　称
1	GB 7000.1-2015	灯具一般安全要求与试验
2	GB 7000.5-2005	道路与街路照明灯具的安全要求
3	GB 17743-2007	电器照明和类似设备的无线电骚扰特性的限值和测量方法
4	GB/T 18595-2014	一般照明用设备电磁兼容抗扰度要求
5	GB 17625.1	电磁兼容限值谐波电流发射限值（设备每相输入电流 ≤ 16 A）
6	QB/T 1551-1992	灯具油漆涂层
7	QB/T3741-1999	灯具电镀、化学覆盖层
8	GB/T 9286	色漆和清漆漆膜的划格试验
9	GB/T 6739	色漆和清漆、铅笔法测定漆膜硬度
10	GB/T 1732	漆膜耐冲击测定法

黄浦江两岸景观照明集中控制终端技术要求

本技术要求根据《上海市景观照明互联互通技术要求》,针对黄浦江两岸景观照明总体方案实施需求,提出如下技术要求:

一、终端构成

景观照明监控终端构成应遵循模块化原则,各个模块间功能划分清晰,互相独立,便于添加与裁剪,景观照明监控终端的基本构成包括:控制单元、信号采集设备、外围设备、通信接口组成。

二、安装环境要求

1. 安装要求

安装应遵循以下原则:

(1)应能安全、便利地对设备进行操作、维护。

(2)所有对外线缆连接均应采用卡扣或者接线端子紧固。

(3)应使用专用工具对设备进行装卸。

2. 环境要求

设备的使用地点应无爆炸危险,无腐蚀性气体及导电尘埃、无严重霉菌、无剧烈振动源,不允许有超过发电厂、变电站正常运行范围内可能遇到的电磁场存在。有防御雨、雪、风、沙、尘埃及防静电措施。场地安全要求应符合 GB/T 9361-1988 中 B 类的规定。接地电阻应符合 GB/T 2887 中的要求。

3. 电源要求

(1)交流电源电压为单相 220 V,交流电源的电压误差允许偏差为 ±10%。

(2)交流电源频率为 50 Hz,允许偏差士 2%。

(3)交流电源波形为正弦波,谐波含量小于 5%。

4. 接地与防雷

(1)设备的不带电金属部分应在电气上连成一体。并具备可靠接地点。

(2)应根据监控终端安装现场的雷电防护等级要求,加装相应的防雷设施。

5. 防护等级要求

监控终端及其外壳防护等级不得低于 GB4208-2008 中 IP54 规定。金属结构件应有防锈措施。

6. 其他要求

（1）对使用无线网络进行数据传输的监控终端，宜选取开阔，信号强度较大的位置进行设备安装。

（2）各种线缆应隐蔽敷设，严禁受力拉伸，敷设最小弯曲半径应大于 2 倍的线径。

三、终端功能要求

监控终端的基本功能应包括：信号测量与采集、照明控制、终端校时、数据存储、数据通信、异常报警以及远程参数设置等功能。

1. 信号测量与采集功能

信号测量与采集功能应符合下列规定：

（1）具备照明开关状态采集功能，并能生成状态变化事件数据；

（2）具备交流电压、电流等信号采集功能，并能对数值越限判断，产生数值越限事件数据；

（3）具备电度量采集功能；

（4）监控终端可通过现场总线连接至智能仪表获取信号数据。

2. 灯光控制功能

灯光控制功能应符合下列规定：

（1）具备分时灯光控制功能，可设置平日模式、节日模式和重要活动等多种灯光控制方案；

（2）具备分组（区）灯光控制功能，监控终端可按其所属组（区）执行照明控制方案；

（3）具备远程遥控功能，可接收、返校及执行遥控命令；

（4）具备现场手动控制功能，用户可在现场手动控制监控终端的照明控制输出开闭；

（5）可通过数据总线如 ModBus、KNX、ACN 等连接智能照明控制系统或智能灯具，实现联控。

3. 终端校时功能

终端校时功能应符合下列规定：

（1）可通过数据通信同景观灯光监控系统校时；

（2）当系统校准无法满足使用要求时，可增设卫星校时功能。

4. 数据存储功能

数据存储功能应符合下列规定：

（1）事件数据应带有时标，事件数据采取按时间顺序记录方式；

（2）监控终端可保存不少于256条事件数据；

（3）监控终端内事件数据采用循环写入方式。

5. 数据通信功能

数据通信功能应符合下列规定：

（1）能采用GPRS、3G等覆盖良好的主流无线通信网络进行通信；

（2）支持870-5-101协议，可联入黄浦江两岸景观照明控制中心监控平台；

（3）具有通信链路断开检测以及链路重建功能；

（4）能根据系统平台设置的时间间隔发送信息；

（5）在恢复通信联接后，可向系统平台补发通信断开期间所存储的事件数据；

（6）监控终端宜支持备用通信链路，实现数据传输冗余。

6. 异常报警功能

异常报警功能应符合下列规定：

（1）应对配电箱门异常打开进行报警，并向系统平台上传报警记录，报警记录应包括配电箱门开（关）时间；

（2）应对外部供电线路故障进行报警，并向系统平台上传报警记录，报警记录应包括供电线路故障时间，故障类型；

（3）宜对非法时段开（关）灯进行报警，并向系统平台上传报警记录，报警记录应包括非法开（关）灯时间，动作类型。

7. 远程参数设置功能

远程参数设置功能应符合下列规定：

（1）应能通过无线网络下载组（区）设置，照明控制模式，默认开关灯时间等配置参数；

（2）应能根据系统平台指令上传监控终端配置参数。

8. 自检功能

（1）应支持自诊断、自检测功能，并能将结果发送到系统平台；

（2）在终端检测出自身异常时，应能采取复位、初始化等自恢复操作。

四、终端性能

1. 基本性能

监控终端信号采集基本性能应符合《远动终端设备》（GB/T13729-2002）第 3.5 条的规定。

2. 信号输入输出通道数量

监控终端信号输入输出通道数量应符合以下要求：

（1）应至少具备 10 路状态量输入通道，用于接入照明灯具开关状态，各类报警信号等；

（2）应至少具备 6 路状态量输出通道，用于控制照明灯具开关；

（3）应至少具备 2 个 RS232（或 RS485）串行通信端口，1 个端口支持 ModBus RTU 协议，用于同智能电量表等数字仪表进行通信，另一个端口支持自定义通讯方式，连接仪表或灯器；

（4）可扩充模拟量输入通道，用于接入电流、电压等模拟信号；

（5）可扩充以太网端口或 DMX 512 端口，实现同灯光集控系统的数据通信。

3. 手自动控制

监控终端控制面板应有现场手动 / 自动切换开关及手动控制按钮，每路控制应有状态指示。

4. 显示性能

监控终端宜配置操作显示屏用于终端控制、参数显示及参数设置等功能，显示屏不小于 160×32 点阵，并可同时显示不少于 20 个汉字。

5. 数据记录要求

数据记录范围和允许误差应符合下列规定：

（1）电压数据记录范围为 0—260 V，误差小于 ±1%FS；

（2）电流数据记录范围为 0—10 A，误差小于 ±1%FS；

（3）有功及无功功率数据记录范围为 0 kW—999.9 kW，误差小于 ±1%FS；

（4）状态变化及数值越限事件丢失率小于 1‰；

（5）状态变化及数值越限记录事件时间分辨率不大于 1 s。

6. 时钟精度要求

监控终端内置时钟精度误差应小于 ±5 s。

7. 可靠性要求

（1）监控终端平均无故障时间应大于 10000 h；

（2）监控终端的设计使用寿命应不少于 5 年。

8. 数据传输性能

数据传输性能应符合下列要求：

（1）传输速率大于 10 Kbps；

（2）平均传输延迟时间小于 3 s；

（3）平均丢包率小于 5%。

"共话浦江夜景梦"

黄浦江是上海的母亲河,见证了上海从一个小渔村发展成为国际大都市的传奇故事。黄浦江两岸荟萃了城市景观的精华,时尚、海派、经典的浦江夜景更是享誉全球,是上海一张不可或缺的城市名片。

围绕上海建设卓越的全球城市的发展目标,结合 2017 年底黄浦江两岸 45 公里岸线公共空间贯通开放,为进一步优化浦江夜景,建成具有上海特征、中国特色、世界领先的城市滨江夜景,我们面向全球设计机构征集"黄浦江两岸景观照明设计方案",同时,为广泛汲取社会各方智慧,同步开展以浦江夜景发展为主题的"共话浦江夜景梦"意见征集活动。

或许你是生活在上海的居民,或者是关注上海、喜爱浦江夜景的海内外友人,你喜欢什么样的浦江夜景?你对浦江两岸夜景有着怎样的憧憬?请把你对浦江夜景优化提升的建议和意见告诉我们,让我们一起努力共圆浦江夜景梦!

建议和意见可通过以下方式传递:

网站:www.huangpuriver-at-night.net

微信订阅号:Huangpuriveratnight

邮箱:pjyj2017@163.com

信函:上海市胶州路 768 号 305 室

我们将选出十条最佳意见评为"金点子奖",给予一定的物质奖励,并按一定比例赠送浦江游览、公园门票。

第四章

魅力浦江

黄浦江景观照明建设的主要成果

丁勤华

按照市委市政府领导提出的"把握浦江夜景效果整体和谐，在传承经典基础上创新"的指示精神，2018 年至 2020 年，黄浦江两岸景观照明实施提升改造工程，涉及徐浦大桥至吴淞口两岸 55 公里岸线、近 1000 栋建筑、25 个码头、4 座大桥景观照明的新建、改建和集中控制系统、核心区域音效系统建设，共完成近 40 万套灯具、8 万多米灯带和 1000 多套控制终端安装、调试任务。

黄浦江景观照明提升改造工作主要成效主要体现在：一是在传承经典的基础上进行创新，浦江夜景效果整体和谐，两岸灯光既彰显各区域特色，又互相呼应，契合浦江两岸文化底蕴。二是实现黄浦江两岸景观照明整体效果全面提升，重点区域精雕细琢出精品。三是延长黄浦江夜景观赏旅游线路，从原来夜景主要集中在南浦大桥至杨浦大桥两岸的 10 多公里，拓展为徐浦大桥至吴淞口两岸近 55 公里。四是创新形成外滩—陆家嘴—北外滩区域、民生路码头、世博园滨江岸线等一主多点、形式多样、灯光与音乐完美融合、具有上海特色的光影秀。五是通过智能控制系统，实现两岸灯光一键启闭、联动演绎，为浦江夜景精细化管理、城市重大活动保障奠定了基础。

历经三年提升改造，黄浦江夜景焕然一新、流光溢彩，浦江夜景提升改造成果得到市民游客与社会各界的广泛好评，实现了建成城市滨水空间夜景标杆的建设目标，成为上海一张闪亮的城市名片。

01 外滩

外滩汇聚着世界各国不同时期的多种建筑样式，被称为"万国建筑博览群"，这里是百年上海的缩影，也是黄浦江夜景的焦点。泛光照明的暖黄光淋漓尽致地展现了欧式建筑柱式、穹顶、拱券的特色，充满着雍容华贵的气势。这次提升改造，在立足传承原有经典暖色灯光的基础上，进行了大胆的创新，将原先钠灯全部替换成 LED 灯具，依据建筑本身艺术构图适配的光色使建筑细部表达更细致，整体空间更和谐，灯具更小巧隐蔽、光线更细腻易控制、调光模式更灵活多变，能更好地从多个视角展现万国建筑博览群的气势、细节和典雅。根据不同时间、不同观看距

图 4-1　外滩夜景

离的需要，整个外滩的景观照明亮度可以整体变化多个亮度层次，实现单栋、多栋亮灯模式，既可以从下往上，也可以从中间往左右等任意秩序的开灯控制，可以在某个特定时刻单独对某一个或几个建筑做特别呈现。在第一层次传统历史建筑的灯光的基础上，增加了外滩纵深建筑顶部和与外滩相连道路的灯光，烘托万国建筑博览群的经典；延续和扩展了外滩原有的瀑布灯光，并且实现了光色可变，增加了点状可动态变化灯光，通过改造，外滩灯光近景远景和谐互补，层次丰富，焕然一新的外滩夜景呈现出远观有气势，近看有气质，细读有故事的效果。

02 陆家嘴

如果说外滩是百年上海发展历史的见证，那么陆家嘴鳞次栉比、高耸入云的现代建筑与外滩的雍容华贵相互呼应，它不仅是时尚、摩登的代名词，更是上海乃至中国改革开放成果的缩影。夜景提升改造综合考虑对陆家嘴建筑群整体效果的优化，对重要楼宇替换了陈旧的灯具设施，部分暗区楼宇增加了光源，调整和改善了部分楼宇过亮、色彩不和谐的灯光，部分具备条件的楼宇做智能内透的提升改造，使楼宇灯光与建筑群整体相融合；改造完善控制系统，实现陆家嘴区域楼宇景观灯光的集中控制，为陆家嘴区域建筑灯光适度联动变化奠定基础。增建了堤岸灯光，重要楼宇点缀性光耀系统，丰富了夜景层次感和变化。改造提升后，东方明珠规律的色彩变化和律动成为夜景的视觉中心，金茂大厦、国际金融中心、上海中心等建筑群楼宇内光外透和缓慢的色彩变化和律动，散发出现代建筑空灵、通透的气韵，展现了时尚活力、朝气向上、欣欣向荣的夜景效果。以暖白光为基础的现代建筑群与外滩以暖黄光为基础的近代建筑群，在浦江两岸相映生辉，成为黄浦江夜景最耀眼的亮点！

03 北外滩

新建的世界会客厅光色延续老外滩的暖色调，调整和改善了宝矿国际、星荟中心等多个建筑过亮或者色彩过于艳丽的灯光，对白玉兰大厦、上港大厦媒体墙的图案、色彩和动态变化优化完善；在丰富楼宇灯光层次的基础上，进一步强化了公共岸线的绿地灯光效果，增加堤岸灯光，形成上中下饱满的层次感。改造提升后的北外滩夜景空间以白玉兰广场为中心，多媒体灯光构图与建筑本体构图相协调，形成和谐的整体空间；形似"6个小胖子"的建筑群采用现代抽象构图，活跃空间气氛，沿河裙房的灯光与老外滩形成有机连接。整体效果与外滩、陆家嘴灯光遥相呼应，和谐融合，成为黄浦江核心区域璀璨灯光夜景新视点。

04 杨浦滨江

杨浦滨江承载着上海制造工业的文化，远东第一个发电厂——杨浦发电厂、上海第一座自来水厂、中国轻纺的龙头企业国棉十七厂就坐落于此，新中国第一艘万吨巨轮也在此起航。城市的快速发展，那片曾经轰轰烈烈的土地已经成为城市工业遗迹，工业遗存多，高楼大厦少，相对其他区域而言夜间偏暗。在这次灯光改造提升中，通过针对不同建筑、环境采用不同光色，滨江国际的蓝色、渔人码头的暖白色、红色巨型塔吊、远处偏暖黄色的住宅建筑，多层次不同的色彩神奇地融于一体。夜幕下，高耸的塔吊，红色的灯光向人们诉说着这片土地曾经的辉煌，横跨浦江的杨浦大桥，旖旎的灯光画面展示了不忘初心、面向未来的梦想。夜景效果既有历史的厚重，也有现代的时尚，成为黄浦江夜景新的看点。

图 4-2　杨浦大桥夜景

05 世博滨江

2010年，以"城市，让生活更美好"为主题的第41届世界博览会（中国2010年上海世界博览会，Expo 2010 Shanghai China）就在南浦大桥与卢浦大桥之间的浦江两岸举行，成功、精彩、难忘的世博会成为上海永远的骄傲。本次夜景提升前排临江建筑采用暖色调，强调建筑退台，表现构图活泼有序。后面高大的幕墙建筑采用冷色调，强调建筑的挺拔与通透，整体空间虚实分明。中华艺术宫的中国红、奔驰文化中心律动的彩光、光色斑斓的音乐喷泉等延续着世博的精彩，标志建筑与中央商务区建筑之间通过点缀沿江构筑物及后排住宅建筑的屋顶构图来连接；远眺卢浦大桥，在灯光照射下，展现了大桥的圆弧和直线、钢结构与悬索结构的刚与柔完美融合的美感，一到节假日，大桥圆弧红、蓝、黄灯光缓慢变换，犹如一道彩虹横跨在浦江上空。

06 徐汇滨江

假如说，从吴淞口到杨浦大桥代表着黄浦江，代表着上海发展的前世，从杨浦大桥到卢浦大桥，记录着这座城市的今生，那么从卢浦大桥到徐浦大桥，则代表着上海的未来，江南岸绿茵丛中，灯火若隐若现，北岸滨江岸线，整齐的草坪灯逶迤蔓延，塔吊厚重的红色与海事塔的活力多彩完美相融，传媒港建筑群外透的灯光隐隐约约，律动着宁静中的城市活力；横跨两岸的徐浦大桥，暖白的灯光清尘脱俗。夜色下，两岸步道上，小朋友们尽情玩耍，大人们幸福的融化在美丽宜人的灯光里，一幅令人向往的创新之城、生态之城、人文之城夜景图，栩栩如生！

07 吴淞口

这里是长江的入海口，也是黄浦江的入海口，上海的海上门户，古老的灯塔指引着进港的方向，邮轮码头球形的天幕灯光和闪动的"光之山门"，敞开了热情的怀抱，欢迎来自四面八方的游客夜游浦江。滨江两岸的湿地公园、森林公园等生态空间时隐时现的灯光，犹如丛林夜色中舞动的萤火虫，轻轻地向来宾诉说着上海开

图 4-3 "光之山门"夜景

埠前的江南渔村的故事。

08 南外滩

南外滩临江老码头等裙房的灯光延续了外滩万国建筑博览群的暖黄色,并慢慢变成暖白色。新建的现代建筑采用简约的手法,光色柔和优美,秀而不媚,与外滩的雍容华贵和陆家嘴的华丽出彩延绵呼应,体现出上海的惬意与风情。南浦大桥的外形如盘龙昂首在黄浦江畔,混凝土塔柱展现出中流砥柱的阳刚之美,拉索则表现出弹性美,桥与岸边建筑灯光融为一体,形成江面重要景观节点。

09 光耀系统

在南浦大桥和杨浦大桥之间,外滩堤岸扩展了原有瀑布灯光,并且实现了光色可变,在两桥之间的堤岸上,增加了点状可动态变化灯光,缓慢呼吸状变化的灯光犹如临水而舞的萤火虫,夜间的小精灵让母亲河的灯光更加具有灵气。在两桥之间重要的建筑上部,增加了不规则设置的点光源,平时缓慢明灭变化,犹如夜空上时隐时现的星星,令浦江两岸的夜色更加灵动,配合灯光活动,又可以呈现出各种快速闪烁效果,营造氛围;在两桥之间部分重要建筑的顶部配设了可变灯光，平时光色与建筑整体融汇一体，重要节假日活动时可以展现各种色彩变化的夜景画面。在实施光耀系统建设的同时，我们结合跨江大桥灯光改造，在杨浦、南浦和卢浦等三座大桥底部增加了光影，解决了游船驶过大桥下大面积暗区的问题，让游船上的游客和在两岸步道漫步的市民有全新的观感，同时弥补了大桥景观只能远眺不能近观的遗憾。光耀系统的建设，使两岸灯光层次更加丰满，可静可动，不仅丰富了黄浦江夜景的呈现，同时也为重大活动、重要节日灯光保障奠定了基础。

10 筒仓投影

浦东民生路码头 8 万吨级的筒仓，曾是亚洲最大粮仓，它见证了黄浦江百年的变迁，是上海城市化、现代化进程的缩影，也是海派文化与都市生活的印记。本次灯光建设，在一般夜景照明的基础上，利用粮仓巨大的体量、深厚的历史底蕴和特殊的筒形建筑格局，建设了灯光投影设施，以市民游客喜爱的投影秀方式，呈现各种演绎上海城市发展的历史、反映改革开放成就、展望未来发展的投影秀，让百年

图 4-4　民生码头筒仓投影秀

的粮仓实现华丽转身，使浦江游客和上海市民有机会享受这场灯光艺术盛宴。

11 上海特色的光影秀

21 世纪初，在几次重大活动保障中，黄浦江也曾经以灯光为笔、夜空为幕，组织过大型灯光秀，但总体而言，黄浦江夜景长期以来坚持的个性与特色是经典的静雅。传承经典如何跟上时尚的步伐？黄浦江夜景提升如何有新的变化以满足人民群众对美好生活的期盼？特别是满足年轻人追求时尚的心愿。2018 年在首届中国国际进口博览期间，外滩、陆家嘴、北外滩核心区域，充分利用两岸既有的常设景观照明设施的基础，通过增加部分光束灯，对静态灯光与动态灯光有机组合，通过音乐、灯光变化的艺术编排，首次创新形成了两岸灯光的联动演绎，那是黄浦江光影秀的萌芽。它的首次亮相，就得到了市民游客与各方的好评。2019 年，在庆祝中华人民共和国成立 70 周年与第二届中国国际进口博览会期间，在 2018 年灯光联动演绎的基础上，我们通过设施租赁方式在核心区两岸配置了包括大功率全彩激光灯、电脑光束灯等在内的临时光源，邀请音乐人、舞台灯光师等专业人士专门创作了为

图 4-5 "永远跟党走"光影秀现场

两个重大活动配套的主题音乐，设计大场景的舞美效果，成功展演了两次以庆祝祖国七十华诞与庆祝进博会为主题的大型光影秀，获得空前的成功。2020 年，鉴于光影秀的巨大成功与市民游客对黄浦江光影秀经常化的期盼，实施了光影秀设施固化项目建设，在当年国庆与进博会期间，我们精心策划的光影秀再次成为重要节日和重大活动保障的一个亮点。在 2021 年党的百年华诞之际，我们精心策划，周密组织实施了被媒体誉为史诗级的光影盛宴——"永远跟党走"大型主题光影秀，以人民群众喜闻乐见的形式，表达了中国共产党诞生地的上海人民不忘初心跟党走的心声，把上海特色的光影秀影响力推向一个新的高度。

第五章

光影巨献

黄浦江景观照明建设的全新品牌

丁勤华

为什么在成果篇已有表述的情况下，光影秀要单独成篇？因为在我看来，光影秀不仅是黄浦江景观照明建设成果影响力最大、传播面最广的代表作，而且也是上海匠人匠心、精益求精、勠力同心的体现，更是上海城市精神、城市文化、城市品格和城市软实力的真实写照。把黄浦江光影秀的幕后故事说清楚，就能回答国内外同行在欣赏、赞叹黄浦江璀璨灯光时经常问我的，上海为什么能？上海为什么行？

01 为什么叫光影秀

在景观照明行业有一个共识，有品质的夜景灯光是依据载体的不同，以相适宜的照明手法配置灯光，更好地展现出载体在夜间的美。简言之，常态下的景观照明是以绿叶的方式衬托载体从而完成美的展现。但有些时候，在特定的场景下，灯光又可以成为夜景的主角，比如灯光艺术装置、灯光秀等。早在21世纪初的APEC会议、六国峰会等重大活动中，上海就在浦江两岸以灯光的舞蹈开始灯光秀之旅。时至今日，灯光秀在很多城市处处可见，是重要节日、重大活动中的一种常见的灯光活动。黄浦江景观照明建设过程中创新推出的"灯光秀"，既有别于传统的"灯光的舞蹈"，又有别于很多城市利用建筑媒体墙为主的灯光秀的做法。上海这一次推出的"秀"，更多是利用黄浦江两岸核心区的景观照明设施，以静态灯光为主，并在此基础上，继承吸收传统灯光秀的手法，在浦江两岸重要建筑上增加大功率的全彩激光灯与光束灯，每次"秀"都根据主题请音乐人专门谱写相应的背景音乐。同时，延请舞台灯光设计师，以浦江两岸的夜空为舞台，以灯光为主要演员，进行灯光表演的艺术创作，最后经过无数次彩排完善演绎的"灯光秀"。在继承基础上创新推出的"灯光秀"，不仅是灯光的动态变化，而且是音乐（这是一种灵魂）引导下的灯光的律动、色温的变幻，是音乐与灯光相融合、视觉与听觉兼具的完美的艺术呈现。特别要说明的是，这种音乐不同于很多小视频根据拍摄画面进行后期配置，只能通过播放器欣赏。黄浦江光影秀的音乐是量身定制的，是可以让市民游客在浦江两岸（包括游船上）身临其境地欣赏光影秀并获得完美感受的。这种"灯光秀"不仅有色彩和光影的变化，而且有故事和内容的叙述，更有跌宕起伏、引人入胜的旋律节奏，是一种全新的户外灯光艺术形式。"灯光秀"一经面世迅速受到各个年龄段的市民游客的好评与追捧，每一次光影秀展演，浦江两岸都人山人海，以至于不得不动用阵容庞大的安保力量进行引导管控。各类媒体争相报道，常常刷爆朋友圈。因此，我们给这具有上海特色的"灯光秀"起了一个新的名字：光影秀。

02 光影秀萌芽

2018年10月，黄浦江核心区景观照明建设进入尾声，即将迎来首届中国国际进口博览会，根据市领导提出的工作要求，为传承上海灯光文化，丰富旅游产品，做好首届进博会灯光保障工作，当时策划组织了一场别开生面的开灯仪式，通过智能控制系统，对杨浦大桥至南浦大桥区域，特别是外滩、陆家嘴、北外滩等核心区域两岸灯光的开灯时序、动态节奏、色温变化进行科学和艺术的编排。同时，利用两岸既有的大屏播放相应主题的视频。当时，为了提高开灯式的观赏性，也为了帮助观众更好地理解开灯式灯光艺术表达的内容，我们专门请音乐人罗威先生根据《东方红》《红旗颂》《浦江漫步》《歌唱祖国》等曲目改编谱写了组曲（选择这四首乐曲改编成开灯式配乐，是为了表达民主革命、社会主义建设、改革开放和民族伟大复兴新时代的寓意），根据音乐的变化，对每栋建筑灯光的色温与动态变化进行了精细的设定，使灯光变化与音乐节奏相吻合。这次尝试，催生了一场具有上海特色的、场景宏伟的黄浦江开灯式，实际上也是在不经意间开展了一次传统灯光秀的创新，这次开灯式在首届中国国际进口博览会期间一经亮相，立即引起轰动，全新的户外灯光艺术形式，灯光与音乐的完美融合，有节奏有内容的灯光舞蹈，赢得了市民游客与海外来宾的一致好评，媒体用"精彩"一词，表达了大众对这场开灯仪式的感受。这次开灯仪式，意味着具有上海特色的光影秀的萌芽！

03 光影秀的诞生

2019年，是中华人民共和国成立70周年，黄浦江夜景灯光该以怎样的形式为祖国母亲70周年华诞庆生？我们从2019年初就开展前期研究，系统了解、参考国内外城市灯光秀的主要形式以及新技术、新材料和新创意，7月中旬起组织国内外不同设计团队进行创意设计，先后形成了"无人机+灯光"表演、超大规模投影秀、声光电综合秀等多种创意构思；经过多轮讨论和听取意见，最后形成统一的共识，那就是吸收 2018 年开灯式的成功经验，借鉴国内外城市灯光秀长处，以浦江两岸既有的景观照明设施为基础，通过设置主题灯光艺术装置、光束灯等临时设施，谱写主题乐曲，根据主题和乐曲，制作配套的视频画面，并根据乐曲节奏对灯光动态变化、色温变化、视频播放时序进行艺术编排，以外滩、陆家嘴、北外滩等核心区域的空间为舞台，呈现一场主题鲜明、音效动人、光影唯美、感染力强，具有上海特色的光影艺术秀。2019 年国庆节期间，具有上海特色为祖国母亲庆生的主题光影秀横空出世，惊艳各方；同年，第二届中国国际进口博览会期间，进博会主题光影秀再次闪亮登场，受到国内外嘉宾的赞誉；2021 年 7 月，献礼中国共产党成立 100 周年以"永远跟党走"为主题的光影秀，更是被媒体誉为史诗级的光影盛宴，蜚声海内外！至此，黄浦江光影秀成为浦江夜景新的品牌！也是具有鲜明时代印记的上海文化品牌！

04 2019 年的惊艳亮相

2019 年在中华人民共和国成立 70 周年国庆及第二届中国国际进口博览会举办期间，两部具有上海特色、时尚经典、主题鲜明、风格各异、光影与音乐完美融合的浦江光影秀在黄浦江核心区域展演，精彩绝伦的光影画卷，绚丽多彩的视觉盛宴，让国内外嘉宾、市民游客为之拍手叫好。两场光影秀，给来上海出席国际灯光城市协会年会、全球顶尖科学家会议、市长咨询会议和第二届进口博览会的中外嘉宾留下难以忘怀的印象，得到了各级领导的肯定、国内外嘉宾的称赞、市民游客的好评及主流媒体的认可。据不完全统计，两场光影秀展演近 120 场次，吸引千万名游客到访外滩，现场观秀人数超过 400 多万，通过各类媒体观赏超过 1 亿多人次。

2019 年 9 月 30 日至 10 月 6 日展演的以"浦江追梦，光耀中华"为主题的国庆光影秀，全长约 4 分 30 秒，分为"希望之光、城市之光、盛世宏光"三个篇章，精心选配《东方红》《红旗颂》《外滩漫步》《我和我的祖国》等人民群众熟悉的乐曲为背景音乐，分别代表新民主主义革命、社会主义建设、改革开放和走进新时代等历

图 5-1 国庆 70 周年光影秀

史发展阶段。在背景音乐伴奏下，黄浦江畔的人民英雄纪念碑、外滩、东方明珠等建筑灯光依次亮起；夜色中，浦江两岸重要建筑的顶部灯光成为一面面迎风招展的红旗；数十盏光束灯，为祖国母亲 70 华诞点燃生日的烛光；大功率全彩激光灯通过艺术编排，在浦江两岸跳起美妙的舞蹈；浦东滨江量身定做的"70"国庆主题LOGO，突出了国庆光影秀的主题；两岸建筑的大屏幕播放红旗、礼花等国庆主题图案，营造出浦江两岸浓郁的喜庆氛围。慷慨激昂的旋律、红色基调的灯光、高潮起伏的光影变化，让现场的市民游客置身欢乐的海洋，光影艺术的无穷魅力让人情不自禁同唱一首歌：我和我的祖国一刻也不能分离！9 月 30 日晚中央电视台直播了黄浦江国庆主题光影秀，上海以灯光的语言，反映上海在新中国成立 70 年来取得的巨大成就，展现改革开放的丰硕成果，讴歌伟大的中国共产党，体现了上海人民喜庆祖国母亲 70 华诞的欢乐之情，表达了上海人民祈祷祖国繁荣昌盛的衷心祝福！

11 月 5 日至 11 月 10 日展演的以"潮自东方起，客从八方来"为主题的光影秀在浦江上演，时长约 5 分钟，分为三个篇章。"活力上海"篇章，采用具有上海特色的《外滩漫步》为背景音乐，明快抒情的音乐节奏，与石库门、四叶草、大飞机等图案、光影变化展现城市的文化传承和创新活力；"锦绣中华"篇章，采用闻名世界的中国经典民歌《茉莉花》为背景音乐，舒缓优雅的音乐节奏与茉莉花、水彩画等图案与光影变化，展示中国悠久的文化历史和绿色生态的发展理念；"欢乐共享"篇章，采用享誉全球的贝多芬《欢乐颂》为背景音乐，欢快热烈的音乐节奏与国旗球、万花筒等图案及光影变化，彰显中国国际进口博览会开放创新、合作共赢、新时代共享未来的主题。三个篇章，从上海、中国、世界视野层层递进，主题突出，层次分明；光影变化、背景音乐完美融合、同步呈现，向各方来宾展现了上海开放、包容、大气的城市魅力，让身临其境的嘉宾赞叹不绝。

与国庆光影秀相比，第二届中国国际进口博览会光影秀夜景层次更饱满、舞台感更强烈、色彩视觉更丰富。进博光影秀更多的是展现城市文化，塑造城市形象。用灯光和音乐的语言诉说改革开放 40 年来，中国人民自力更生、发奋图强、砥砺前行，依靠自己的辛勤和汗水书写国家和民族发展的壮丽史诗；彰显中国推动更高

图 5-2　进博会光影秀

水平开放，以开放促发展、以合作谋共赢的战略眼光和大道至简、实干为要的坚定信心；展示开放的中国欢迎世界各地的朋友并且积极推动开放合作，向着构建人类命运共同体目标不懈奋进，开创人类更加美好的未来！

05 2021 年史诗级的光影盛宴

7 月 4 日 22 时 36 分，璀璨光影定格在黄浦江两岸，给连续几天霸屏的以"永远跟党走"为主题的庆祝中国共产党成立 100 周年光影秀画上圆满句号。外滩江堤上，一些市民游客仍然留恋不舍，举着手机留下这精彩的瞬间。

6 月 22 日中央电视台新闻频道直播了上海"永远跟党走"主题光影秀，同一天，上海发布官宣版视频，迅速刷爆朋友圈，24 小时热搜排名第一，被媒体誉为史诗级的光影巨献。据不完全统计，从 6 月 30 日至 7 月 4 日五天 38 场次展演，黄浦江两岸及游船现场观赏观众近 500 万人次，通过中央电视台、央视网、上海电视台以及各种新媒体直播观赏的观众超过 1 亿人次，至 2021 年底，官宣视频浏览量超过 6 亿人次。"永远跟党走"黄浦江主题光影秀成为全国传播面最广、影响力最大

图 5-3 "永远跟党走"主题光影秀

图 5-4 "永远跟党走"主题光影秀灯光艺术装置现场效果

的庆祝中国共产党成立 100 周年主题灯光活动。

"永远跟党走"主题光影秀，分为开天辟地、改天换地、翻天覆地、经天纬地四个篇章。"开天辟地"篇章以橙色灯光为主色调，以经过改编的《国际歌》等为背景音乐，先点亮人民英雄纪念碑灯光，其后外滩在新中国成立之前建成的建筑依建成年代依次点亮，滨江四个大屏播放《共产党宣言》中文版等中国共产党成立前的标志事件的图案，在这之后以日出东方冉冉升起的图像象征中国共产党成立对中国的伟大意义，东方明珠和上海中心的激光适时亮起，为党点亮生日蜡烛。外滩和陆家嘴的建筑都自下而上亮起，大屏内容呈现中国共产党党史上的重要时间节点和事件，关键节点激光和光束灯以红色调为主适时表演。"改天换地"篇章红色为主色调，用《国歌》为引子和《我的祖国》为背景音乐，以外滩和北外滩的光影表演为主角，两岸大屏适时呈现同时代的重要内容。"翻天覆地"绿色光为主色调，用《在希望的田野上》为背景音乐，建筑光影变化回到浦东为主角，一开始陆家嘴的建筑以东方明珠塔开始从暗调亮，依建成年代逐次亮起，最后点亮上海中心，凸显改革开放的时代特征，外滩和北外滩变化缓慢作为配角，两岸大屏展示同时代的相关画面。"经天纬地"篇章运用全彩灯光，以《外滩漫步》和《不忘初心》为背景音乐，两岸建筑光影、激光和光束灯、光耀系统等变化逐步加快变幻，烘托气氛提升，到《不忘初心》节奏的时候达到高潮。

整场光影秀以两岸灯光时而舒缓、时而激烈为动态变化；两岸大屏以图案、文字和动态画面形式持续呈现中国共产党领导中国革命、建设、改革历史上的重要标志性事件；背景音乐是由青年音乐家罗威以《国际歌》《国歌》《红旗颂》《在希望的田野上》《不忘初心》等不同历史时期诞生与传承的经典乐曲为基础，经过改编和配器形成的专为"永远跟党走"光影秀创作的乐曲——《流淌的辉煌》。

"永远跟党走"主题光影秀全长 6 分钟，用灯光的语言，以人民群众喜闻乐见的形式，回顾我们党百年来团结带领中国人民完成新民主主义革命，确立社会主义基本制度，推进社会主义建设，进行改革开放，开辟中国特色社会主义道路的光荣历史和展望奋力夺取全面建设社会主义现代化国家新胜利，实现中华民族伟大复兴的新征程，表达了上海人民热爱党、热爱祖国，牢记使命，永远跟党走的初心。

黄浦江光影秀，秉承海纳百川的城市精神，兼收并蓄，但不盲目跟随大流；注重文化传承，但不故步自封，善于立足实际，在传承中创新。充分利用浦江两岸既有的灯光设施，适度增加必要的光源为补充，不仅节约投入，为光影秀可持续发展作了有益探索，同时也彰显了上海光影秀自己的特色，在国内外无数城市灯光秀的热潮中独领风骚！光影秀打响上海特色灯光文化品牌。在目前全国各地的灯光秀中，上海的光影秀可谓是非常突出，以投入少、有效利用率高、契合上海城市文化特征为主要特色，独具匠心地传递和表达的是"海纳百川、追求卓越、开明睿智、大气谦和"的城市精神。2019 年，在上海参加国际灯光城市大会年会的来自世界各国的照明专家，集体观摩了黄浦江主题光影秀，从专业角度给予了高度肯定。

第六章

成功秘诀

———————————————

黄浦江景观照明建设经验启示

丁勤华

黄浦江景观照明集中提升改造建设工程结束了，焕然一新的浦江夜景再次征服了海内外游客，"太美了""惊艳""这就是上海"等各种溢美之词常可见于网络，浦江灯光夜景本就是教科书级的经典，在很多人看来是很难超越的。在此基础上实施改造，其效果让人惊喜连连。在感到不可思议的同时，好多声音在问，"上海为什么行？上海为什么能？"回顾黄浦江景观照明集中改造过程，确实有很多方面值得总结。

01 市委、市政府的坚强领导

2016 年，时任市委副书记、市长杨雄同志围绕上海"十三五"规划提出的"建设国际旅游目的地城市"目标，推进黄浦江旅游发展工作，明确要求组织一流团队设计方案，实施黄浦江景观照明提升改造。《黄浦江两岸景观照明总体方案》形成后，市委、市政府分管领导和主要领导多次亲自主持专题会并听取汇报，肯定现有成果同时提出新要求，最终由市政府常务会议通过总体方案与相应实施计划。实施过程中，分管市长牵头成立黄浦江景观照明建设联席会议小组抓推进，亲自审定外滩、陆家嘴、北外滩等核心区域深化设计方案，多次深入现场检查工作，多次主持召开市政府专题会议，听取工作进展情况汇报，协调解决各种遇到的难题。市委、市政府主要领导多次在有关黄浦江景观照明建设的动态、督查报告、专报上批示，对有关工作提出明确要求，并多次亲临黄浦江建设现场检查指导。2019 年 9 月 27 日晚，中共中央政治局委员、上海市委书记李强，上海市委副书记、市长应勇，上海市人大常委会主任殷一璀，上海市政协主席董云虎等市领导集体检查黄浦江景观照明建设成果和庆祝中华人民共和国成立 70 周年主题光影秀筹备工作。

黄浦江景观照明集中提升改造，从动议、方案的确定到建设的推进，每一个阶段、每一个环节都是在市委、市政府坚强领导和有力推动下进行的。景观照明效果属于大众审美的范围，每个人生活经历的不同决定了不同的审美情趣，在《总体方案》报审阶段，从分管副市长到市委、市政府主要领导充分尊重科学，尊重设计师、尊重各方专家集体智慧的结晶，审查《总体方案》过程中，并未从个人审美角度提出重大调整意见，仅从更加完美的角度提出完善要求；虽然黄浦江景观照明建设从方案编制到实施建设过程中，市委市政府领导因换届而变动，但黄浦江景观照明建设项目目标不变、方案不调整、推进力度不减，这是上海市委、市政府领导牢记习近平总书记对干部的一贯要求，以"功成不必在我"的精神境界和"功成必定有我"的历史担当，发扬"钉钉子"精神，一张蓝图绘到底，一任接着一任干，交出人民满意的历史答卷的真实写照。

02 法制保障，规划引领

上海是全国最早开始规模化景观照明建设的城市，早在20世纪90年代，美丽的灯光夜景，已经成为上海的一张城市名片。2013年，上海市绿化和市容管理局委托复旦大学等单位对本市景观照明建设绩效开展评估研究，评估结果认为：上海景观照明在近三十年的发展过程中，不仅为提升城市形象、提高城市综合竞争力作出了重要贡献，而且还直接促进了上海经济的发展，极大丰富了市民群众的文化生活。研究结果表明，在取得丰硕成果的同时，也存在着法规保障缺位、规划引领建设不足、建设运营机制不完善等问题，导致部分区域盲目建设、景观照明不精细，景观水平不均衡，个别夜景照明单体破坏区域整体协调性，甚至出现光污染等现象。因此，加快景观照明总体规划编制、加快景观照明相应法规标准的制定，以及加快建立政府主导、社会参与的景观照明长效发展机制成为促进景观照明健康发展的首要任务。

2014年，景观照明政府规章制定工作摆上议事日程，历经近五年时间，《上海市景观照明管理办法》（以下简称《办法》），于2019年11月11日市政府第70次常务会议通过，自2020年1月1日起施行。《办法》共二十三条，对景观照明规划、建设、运行、维护、拆除等全生命周期予以规范和引导。《办法》围绕"国内领先、国际一流"的目标，将"提升品质、控制数量"相结合，将景观照明的管理定位由"锦上添花"向"公共产品"转变，发展方式由"规模扩张型"向"品质提升型"转变，资金保障由"重大活动促进式"向"常态长效管理式"转变，按照"全过程、全要素、全方位"的管理思路，建立健全景观照明全生命周期管理机制。《办法》明确了市、区绿化市容部门应当会同相关部门组织编制景观照明规划和核心区域、重要区域以及重要单体建（构）筑物实施方案并经市、区人民政府批准后实施；明确核心区域、重要区域内的建（构）筑物、公共城所，以及重要单体建（构）筑物的产权人、使用权人或者经营管理单位，应当按照规划实施方案和技术规范设置景观照明，并进一步将设置要求纳入建设用地规划条件或者建设用地使用权出让合同。明确市和区绿化市容部门应当分别建立市级、区级景观照明集中控制系统，核心区域、重要区域内以及重要单体建（构）筑物设置的景观照明，应当分别纳入市级、区级景观照明集中控制系统。

2014年，上海市绿化和市容管理局依据《上海市市容环境卫生管理条例》的规定，正式启动覆盖全市域的景观照明规划编制，2017年10月上海市人民政府批准《上海市景观照明总体规划》（以下称《总体规划》）颁布实施。

《总体规划》以上海特有的人文、地域特色为基础，统筹夜景布局、亮度、色温、动态照明、彩光应用、光污染控制等涉及景观照明品质全方位因素，通过专业化、系统化的统筹，建立了上海景观照明规划体系。它不但填补了上海没有景观照明专项规划的空白，而且规划内容的很多方面在全国是首创。《总体规划》在总结实践经验的基础上，鉴于景观照明对扩大城市影响力，促进旅游、商业、地产、文化产业发展具有重要意义，明确提出景观照明是城市公共设施的组成部分，各级政府及相关部门落实责任推进景观照明建设与运营管理，为上海市景观照明健康发展奠定了基础。《总体规划》在大量调查研究的基础上，把上海城市发展"五个中心"和国际文化大都市作为目标，在目前已有的"全国领先、世界一流"的城市景观照明基础上，进一步提出"具有中国特色、世界领先"的城市夜景目标。《总体规划》秉承节能环保原则，把生态照明理念具体化，根据上海的实际，明确提出"控制总量，优化存量，适度发展"的思路，采用适宜的照度、色温，实现中心城区景观照明能耗零增长；推广应用高效节能的光源灯具和智能控制系统，避免光污染。《总体规划》首次打破行政分区的概念，从全市范围统筹城市夜景布局，提出"一城（外环线内中心城区）多星（郊区新城镇）"的总体布局和中心城区里以黄浦江两岸、苏州河沿线和延安高架道路——世纪大道两侧以及人民广场、徐家汇、静安寺等区域、节点的"三带多点"夜景框架，明确了具有上海特征的城市夜景整体形象。《总体规划》明确了市域范围景观照明发展的核心区域、重要区域、发展区域、

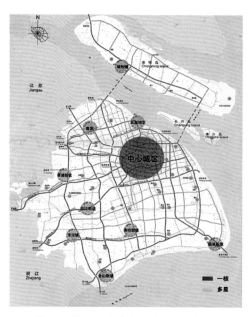

图 6-1　景观照明总体规划"一城多星"

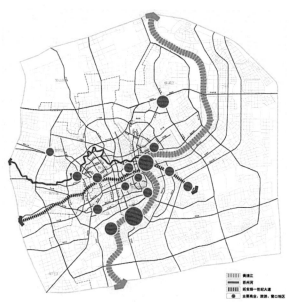

图 6-2　景观照明总体规划"三带多点"

一般区域及禁设区域，从生态节能、光污染控制等方面提出了禁止性、控制性和限制性要求，并根据景观照明载体的性质、特点、材质的差异，对照明方式、亮度、照度、色温、彩光和动态光等要素提出了详尽的控制导则，使规划目标的实现和规划的实施具有可操作性。

《办法》和《总体规划》的出台，标志着上海景观照明进入了法制保障、规划引领健康发展的新时期。

03 分工合作，勠力同心

黄浦江景观照明建设的成功，除了市委、市政府的坚强领导之外，还有相关部门的分工合作与同心协力。这个项目涉及市政府多个职能部门和六个区政府以及相关单位。市绿化和市容管理局作为牵头部门，主要负责《总体方案》编制、集中控制系统建设和项目推进的协调、效果的把控，六个区主要负责辖区夜景提升改造资金落实和实施建设，市交通委主要负责跨江大桥、码头等市属公共设施景观照明的建设，其他责任部门按照各自职能配合推进。围绕把浦江夜景建设成为世界级城市滨水空间夜景的经典之作的目标，各相关部门与单位按照既定计划和职责，紧密合作，无缝衔接，全力推进。比如黄浦江光影秀项目具体实施过程中涉及多个职能部门，每个职能部门对展演效果都起着至关重要的作用，缺一不可。市绿化和市容管理局是光影秀主体责任部门，主要负责组织方案的编制、效果调试、展演计划的实施以及各方统筹协调。每次光影秀展演，除了市、区灯光管理部门全力以赴外，上海市电力公司同样会预排摸电力情况，确保电源用电可靠性，在保障展演区域建筑楼体供电之外，展演期间对光影秀重要设施每日出动应急供电车驻点值守，确保无间断供电。市通信管理局不仅在前期优先保障各种有线通信设施的落实，而且展演时协调在浦江两岸增加通信保障车，增强两岸无线通信信号，既确保灯具、音频无线控制信号传输稳定，又为现场超大流量游客通信、视频、照片发送提供保障。上海海事管理部门根据光影秀展演安排，增强黄浦江航运交通现场指挥力度，既保障游览船行驶安全，又不影响正常的水上航运需要。市公安部门针对每次光影秀展演人流量大的实际，积极做好光影秀展演期间重点区域安保工作预案，并根据人流变化情况调配力量，精准施策，保障大人流情况下的秩序安全。市交通运输部门针对人流情况制定预案，合理调配交通资源，确保市民游客进得来、出得去。上海的媒

图 6-3 晚上看光影秀的人潮

体更是给力，这几年来，仅上海文广集团就分别拍摄了《不夜的精彩》《上海等你来》等浦江夜景宣传大片，其他媒体的新闻报道、直播更是不计其数，特别是2021年上海文广集团旗下幻维数码公司制作的《永远跟党走》官宣视频，不到半年时间里，创下6亿多人次的浏览记录。媒体的支持，不仅宣传了浦江夜景的改造成果，而且搭起了项目建设组织者与市民游客之间的桥梁，听取民意，集聚民智，为项目实施创造了良好的舆论氛围。

正是因为有多部门的通力合作，无缝衔接，市民游客才有了那一场场光影盛宴的完美体验，正是有了分工合作，勠力同心，才成就了黄浦江景观照明建设今天的精彩！

04 海纳百川，追求卓越

开放、包容、创新是上海这座城市与生俱来的品格，在黄浦江景观照明建设过程中，充分展现了上海"海纳百川、追求卓越、开明睿智、大气谦和"的城市精神。作为景观照明启航之地，经过二十多年的不断完善，黄浦江夜景成为城市夜景的范例，被许多媒体誉为全球夜景的"圣地"，在此基础上实施改造，这一举动显示了上海追求卓越、不断攀越新高峰的勇气。《总体方案》编制过程中，在既有基础上，坚持对标"最高标准、最高水平"，再次开展全球设计方案征集，综合成果时坚持结合中国文化传承与上海实际，既积极吸收国际化的创意，又不盲目迷信，比如，有一家设计机构结合上海城市的红色文化传统和每年红色主题活动多的实际，提出浦江两岸高层建筑的"红云"灯光创意（建筑顶部设置红色灯光），评委终审时都认为这是非常好的创意，但在成果综合、编制《总体方案》时，我们认为浦江两岸设立大面积常态的"红云"灯光，对上海这座具有海派文化底蕴的国际化大都市来说，总感到有欠缺。经反复斟酌，最终方案确定在核心区两岸选择部分重要楼宇顶部设置RGB可变灯光设施，平日夜晚采用与建筑本体以及区域环境相和谐的色温，节假日或者光影秀展演时，光色可以根据氛围营造需要，实现红、蓝、绿等色彩变化。实践表明，可变的灯光设施，在浦江夜景节假日模式以及重大活动保障中，为展演上海红色文化、海派文化等主题发挥了很大作用。在国际设计方案

图 6-4 外滩建筑灯光改造提升实景效果

征集过程中，我们一边立足国际视野集聚专业机构的智慧，一边以多种形式、多种渠道广泛听取市民游客的意见、建议，海纳百川，不拒溪流。在推进黄浦江景观照明建设过程中，坚持不断创新，外滩万国建筑博览群灯光改造中，黄浦区紧盯照明科技最前沿，与相关生产企业合作研发定制 LED 灯具，替换了原来体积大、能耗高的钠灯，不仅传承了传统经典的暖色温，而且实现了单灯控制，色温可变幻、光影可变化的全新效果。紧跟国际灯光时尚文化，充分利用常态的景观照明，通过应用大功率全彩激光灯等新光源、将舞台灯光艺术引入户外空间、量身定制主题音乐等，创新开发了具有上海城市特质的光影秀品牌，为浦江夜景添光增色。正是这些不断追求卓越的实践，让浦江夜景实现了新的攀越。

05 匠人匠心的绣花精神

黄浦江景观照明建设项目空间跨度大、时间长，建筑载体各不相同，灯具种类繁多，数量宏大。从方案编制、深化设计、工程实施到呈现精彩效果，匠人匠心的绣花精神贯穿在每个环节。浦江夜景成功的基石是注重细节、精益求精。《总体方案》编制源头从2013起进行的概念规划、2016年的概念方案、2017年的国际征集到2018年初成形，长达6年，精打细磨方才定稿。"永远跟党走"主题光影秀方案编制历时一年多，正式书面方案改了16稿，精雕细琢方才成稿。浦江灯光效果调试是一个很大挑战，两岸楼宇建筑基础不同，夜景视角多样，单栋建筑与所在区域的灯光色温、亮度甚至动态变化需要既有个性又整体和谐，效果把控团队和项目承担单位按照方案要求和现场实际，一栋一栋楼宇试，一边试一边完善设计方案，一个一个节拍扣，一幅一幅效果图修改，不厌其烦地反复调试，力求每个场景、每个画面、每种变化都能精彩呈现，不留遗憾。两岸堤岸的光耀系统，方案里是没有明灭变化的，原创设计更没有明灭间隔时间的要求，在效果调试阶段，技术人员不仅创新性地提出把常亮改为明灭变化，而且经过征求市民游客意见后反复调试，最后确定明灭变化接近常人心跳频率，才有了今天浦江夜景滨水堤岸时隐时现、如萤火虫般的美妙灯光，给浦江夜色增加了灵动的感觉。在"永远跟党走"光影秀制作视频画面时，主创团队为了让光影秀呈现的党史内容更精准，在前期查阅史料、多方征求意见、延请专家把关、反复修改完善方案的基础上，在正式实施前再次延请在沪的中共党史学会的专家召开座谈会，梳理视频展演的内容，确保内容更准确、更充实、更具代表性。每次光影秀从方案到展演效果的完美实现，都是一个挑战。光影秀展演期间，当遭遇台风、暴雨等恶劣天气时，为确保安装在数百米高层建筑顶部的户外灯具设施不受影响，于当晚展演结束后的深夜拆除，第二天展演前再重新安装并调试好。

06 建设者的责任担当、无私奉献

从2018年秋，黄浦江景观照明建设阶段成果精彩亮相后，就不断有人问，《总体方案》是谁设计的？是哪家工程企业总承包的？灯具又是哪几家企业提供的？特别是全新的黄浦江主题光影秀惊艳亮相后，有更多的人问，黄浦江光影秀的创意设计师是谁？这几年，随着黄浦江夜景提升成果被广泛认同、光影秀得到的普遍肯定，这些问题更受关注。在这里我再一次告诉大家，黄浦江景观照明建设的成果、光影秀的精彩呈现是所有参与项目的建设者团结奋斗、无私奉献的结晶！

黄浦江两岸景观照明建设从《总体方案》的编制、组织实施，到每次光影秀方案的策划、光影设计、音乐制作，不同时期、根据不同需要，确实都有一个基本力量组成的主创团队，也有相应的合同主体，但每个方案的最终确定和实施，效果调试和完美呈现的过程中都凝结着国内外创意设计、照明工程、舞台艺术等无数团队的智慧，更有从政府领导、党史专家、照明专家、音乐人到普通工人，甚至成千上万人的参与。黄浦江景观照明建设项目是一个跨界合作、团结奋斗、无私奉献的典范，黄浦江景观照明集中建设项目取得的巨大成功，凝聚了无数人的智慧与心血。

在参与黄浦江景观照明建设过程中，很多单位和个人把这个项目作为服务上海展示形象的机会，把工作成效放在首位，不计较企业和个人得失。2018年核心区建设关键时刻，承担高层酒店建筑外立面灯光建设工程的罗曼照明科技公司，由于项目要求白天不能施工、晚上客人休息时也不能施工，为了既不影响酒店正常营运，又能确保按期完成施工，公司出资租下涉及施工面的客房，为施工赢得宝贵的夜间施工时间。在策划"永远跟党走"主题光影秀方案时，主创人员提出采用国内最新研制的激光光束灯为本次光影秀添彩的建议，经与北京中科光艺科技有限公司联系，虽然光影秀没有足够的预算去购买或租赁这款造价昂贵的灯具，但该企业在了解上海的想法后，明确表态："能有机会为上海光影秀添彩、向党的百年华诞献礼，我们企业可以作贡献。"最后，仅仅支付运费就支援了五套设备参与光影秀展演。上海耀影安恒利科技有限公司为浦江灯光音效与灯光同步传输控制进行技术研发，合同项目结束后，在每次光影秀展演和重大活动保障过程中，即使没有后期维护服务费用，但只要需要，随叫随到。荣获"上海工匠"称号的上海舞台技术研究所的谢渝熙，作为浦江光影秀主创团队成员，每次为了光影秀展演常常连续数月全身心投入项目中，特别在后期效果调试阶段，凭借着对艺术效果的执着追求，经常连续数十日通宵工作。在2019年光影秀设施安装项目建设关键阶段，上海市市容景观事务中心的陈华同志临时受命，负责光影秀设施安装现场协调，连续五十多天奔波在各栋楼宇的工地现场，常常到现场深夜施工结束才下班。东方明珠安装光束灯、激光灯时，那些叫不出名字的工人，肩扛100多公斤的设备，攀爬上300多米高仅容一人通过的高空云梯；有些同志即使身有病痛，仍然轻伤不下火线，坚持奋战到底。

建设者的奉献案例不胜枚举。正是有了这样的富有社会责任和担当的企业，正是这群无私奉献的建设者，才成就了黄浦江不夜的精彩。可以说，黄浦江景观照明建设工程，是一曲无私奉献的赞歌。

第七章

经典永恒

外滩景观灯光的融合与创新

陶　震[*]

* 陶震，现任黄浦区灯光景观管理所党支部书记兼所长。1996年大学毕业以来，始终奋战在灯光景观工作第一线，先后组织过南京东路、外滩等重要区域景观灯光改造并获得巨大成功；参与了多项行业技术规范和标准的编制与修订；参加过上海APEC会议、六国峰会、2010世博会、亚信峰会、中国进口博览会等重要活动灯光保障工作，曾荣获"上海市劳动模范""上海市先进工作者"等荣誉称号，是上海景观管理行业的专家。

随着 LED 照明、物联网技术的日趋成熟，以建筑媒体屏为照明基础设施的城市亮化进行了一轮又一轮，不断地刷新照明行业的认知。上海作为中国最重要的全球城市标杆，特别是外滩万国建筑博览群始终都是我国城市景观照明的引领性、示范性区域。在这特殊的背景下，外滩景观照明建设不再是进行终极蓝图式的革新，而是基于载体和技术，进行有序的升级与迭代，在克制中保持融合与创新，重塑中国乃至世界城市景观照明的新典范，体现新时期、新常态、新经济下上海的高度和深度。

　　2018 年，对于上海景观灯光条线的工作者来说是意义非凡的一年。根据《黄浦江两岸景观照明总体方案》实施计划、首届中国国际进口博览会保障要求和市委、市政府相关部署，我们黄浦区的景观工作者们与相关人士群策群力，共同重塑了以外滩经典段为主的黄浦滨江夜景，并依托灯光改造基础，创新打造了全新的"外滩光影秀"，开创了城市夜景的新范式，得到了市委、市政府领导的充分肯定，受到市民、游客的欢迎，在网络上广泛"刷屏"，被人民日报、解放日报上观新闻、东方新闻、上海新闻综合频道、上海广播电视台、上海发布等多家主流媒体多次报道并获得一致好评，也在中国首届进口博览会期间顺利接受了来自五湖四海嘉宾的检阅。习近平总书记在 2020 年新年献词中盛赞黄浦江"流光溢彩"。此后的 2020 年第三届进博会和 2021 年建党 100 周年，黄浦江光影秀通过对两岸楼宇灯光、激光灯、光束灯与音乐的融合，更为灵动地体现了上海的城市形象，展现了上海"开放、包容、创新"的城市品格。

01 背景

外滩景观灯光享誉中外，为了使经典得到进一步的升华，历经众多专家、学者的无数次研讨，但因为种种原因皆未能落实。2018 年的这次提升对外滩灯光来说是个极大的挑战，是站在巨人肩膀上的一次自我突破。

回顾历史，外滩建筑自上海开埠以来，经历了三次大规模的历史变迁，三代外滩见证中国近现代从屈辱到复兴的奋斗史。同样，随着科学技术的发展，外滩的景观照明也经历了几次重大的变革，从七八十年代的白炽灯建筑勾勒，到 90 年代的钠灯泛光照明，再到 2000 年后的 APEC 会议、六国峰会、2010 年上海世界博览会的景观灯光演绎，历史见证了它的蜕变。

《上海市景观照明总体规划》公布后，本市景观灯光发展有了更清晰的方向。为了让景观灯光更好地服务城市经济社会发展，平衡好区域景观灯光建设"速度、品质、后劲"三者关系，市绿化和市容管理局牵头推动浦江沿线夜景综合提升工作，重中之重就是浦江核心区"金三角"。为了做好黄浦滨江、特别是外滩历史建筑景观照明改造提升工作，在市绿化和市容管理局指导下，我们黄浦区建立了专题攻关小组，由黄浦区绿化和市容管理局、灯光景观管理所负责具体推进。2018 年 4 月 19 日，组织召开了"中国上海外滩夜景照明国际研讨会"，广泛听取与吸纳各方意见建议，集聚智慧，并联合国内外知名专家、学者、团队参与，共同组成了一支能打硬仗的队伍，启动了以外滩为代表的黄浦滨江夜景升级改造。

攻关小组首先是放眼全球、开拓思路，邀请了自欧洲、美国、日本、中国的国际知名的照明设计师和建筑、景观、旅游、文创、音乐、摄影等跨学科、跨领域的

图 7-1　外滩 20 世纪 70 年代灯光资料

图 7-2　外滩 20 世纪 80 年代灯光资料

图 7-3　2000 年后的外滩景观灯光

图 7-4　2000 年后外滩创意景观灯光

专家为经典外滩段的夜景优化建言献策，围绕"整合提升、创新发展，传承经典、打造精品"的发展主线，从人行、车行、船行三个界面和浦江核心区"金三角"的各个角度深入进行视觉分析，充分考虑"以人为本"的原则，并通过大数据及人流分析，调整制定了细化方向。在调研时还逐栋研究外滩建筑的历史背景，建筑风格、材质细节，考虑如何将巴洛克、文艺复兴、新古典主义、折中主义等风格建筑用灯光的形式在外滩建筑群里融合共生。对不同建筑的天际线、轴线、三段式、塔楼及门窗等细节作了区分与归类。

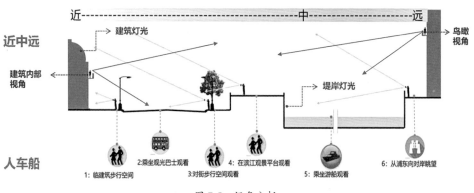

图 7-5　视角分析

02 思考

　　自 20 世纪 90 年代"钠灯色"便存在于黄浦外滩区域的夜色中，已然成为民众的集体记忆。2008 年迎世博会的时候，曾经提出过对外滩灯光进行整体的改造，当时论证过将钠灯替换成 LED 的方案，但最终对外滩灯光只是做了局部的修整，放弃了 LED 替换的方案，主要原因是当时的 LED 技术不够成熟。十年后，借 2018 年黄浦江景观照明整体提升改造和迎接中国首届进口博览会的契机，外滩的景观灯光改造又一次提上了议程，这一次相对于十年前中国的国际地位和影响力已经大大提升，外滩早已不只是上海的外滩而是全世界的地标。与此同时 LED 技术在十年间也有了突飞猛进的发展。所以说，此时不做，更待何时！

经过多轮的论证，攻关小组深度剖析个案，深入分析照明现状，认真归纳国际大都市夜景特质，提出分级分类管理标准、控制性规划要求和创新性指导意见等，最终提出了此次外滩夜景改造的六大课题：一是外滩夜景如何塑造、体现海派文化和风情，从而进行故事的创作演绎？二是如何控制与塑造外滩独特的地标性夜景天际线？三是在外滩历史保护建筑中是否要运用彩色光？四是如何呈现外滩夜景的动静节奏韵律？五是外滩夜景建设如何助力打造科技智慧城市？六是外滩夜景照明如何更好地服务全方位人群？

针对这六大课题，攻关小组结合现状分析和外滩的历史脉络、建筑特点等因素，拟定外滩照明建设的方案与细节。明确了"高雅、大气、精致"的夜景定位，重在凸显历史保护建筑的本色风采，意在通过动静结合的灯光释放凝固在建筑里的音乐灵魂，达到"远观有气势、近看有气质、细读有故事"的效果，旨在呈献给世界一个集经典与创新于一体，至臻完美的崭新外滩夜景。通过集聚全球资源，对标国际一流水平，体现特色品味，挖掘文化内涵，推进技术创新等手段以照明还原建筑基底的真实美。

03 求索

总结外滩景观照明的六大关键字，就是：突破、至臻、融合。

突破：钠灯向 LED 的华丽转身

市绿化和市容管理局在牵头研究外滩夜景提升工作时多次提出，要在新技术的背景下，使百姓心中固有的外滩经典得到传承和提升。这看似是略带矛盾的命题，但外滩灯光要提升，唯有新突破。

LED 双色温从理论上理解也许并不是一个很难的课题，然而从应用的层面，真正的要应用到老外滩的历史建筑上，却面临着不少的难题，比如：

- 如何能最大程度地还原夜间外滩的民众印象"钠灯色"？

- 如何界定双色温的最高和最低限值？以最完美地体现每一栋历史建筑不同的材质美感，甚至同一栋建筑的裙房、主体及顶部的不同材质和色彩美感？

图 7-6　LED 能够取代钠灯的金黄吗?

- 让光动起来的同时，如何能够更艺术更有意境地表现出来？比如用光表达
  自然界不同时段的色温变化，比如让光与音乐结合使建筑成为真正的乐章
  跃动起来。

通过多轮研讨，攻关小组最终从自然光中获得灵感，围绕"返璞归真""道法自
然"的内核，以晨曦与霞光映照下的外滩为"色卡"，定下了灵动而内敛的总基调。
这期间进行了十多次的光配光试验室测试，对外滩建筑的外立面材质及色彩进行了
完整细致的摸排与调查，先后进行了 60 余次现场建筑试灯，最终解答了以上问题，
肯定了可操作性。

此次外滩景观灯光提升的最大技术突破在于，攻关小组提出了 LED 替代钠灯
的可行性论证，开发新灯具；同时，基于对外滩 27 栋建筑外立面的勘察研究，利
用双通道原理，做到色温在 1800K 和 3000K 之间无级调节。在短短的几个月中，
实现了多色温、逐点控的技术难题。没有这个技术的突破，就没有今天外滩灯光的
精彩演绎。

除了对 LED 双色温的要求之外，对灯具还提出了更进一步的专业的要求：

色温与光谱的对比

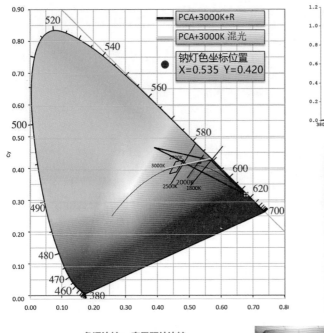

LED 芯片混色方案可以覆盖钠灯光谱

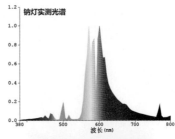

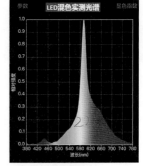

色温比较：实景照片比较

用LED替换钠灯，实测色温很接近

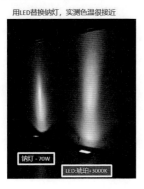

图 7-7　LED 的混光方案完全可以覆盖钠灯光谱

- 更精确光学要求以准确表达建筑的每一处细节，且减少眩光光污染；

- 最大化灯具发光效率节约能源；

- 更加紧凑的灯具尺寸设计尽可能地做到"见光不见灯"，减少对历史建筑外观的影响。

图 7-8　小型化、定制化，多种灯具组合适应各节点需求

外滩 27 栋建筑共计使用了超过 17000 套灯具。所有的灯具攻关小组都要求定制化，并在芯片增加一倍的基础上，仍要求要做到小型化，满足多种灯具组合适应各种节点需求，展示建筑细部。

至臻：在施工工艺和技术上始终追求极致

在施工工艺及技术上，攻关小组力求将老外滩的经典做到极致。按每栋建筑的材质和颜色进行对比打样，从灯具外壳颜色到灯具支架再到线槽，都进行了定制化处理。同时，对管线的走向和隐蔽也尽可能地还原建筑本来的基底和色彩，使其成为建筑的一部分。

外滩灯光仅体现建筑的细节还不够，必须要有点与面的结合，也就是给建筑抹上一层淡淡的"粉底"。攻关小组提出了结合灯杆进行投光的方案。为了避免今后外滩的重复开挖，同时为了提升外滩建筑的视觉美感，改造将外滩老建筑景观灯光工程和外滩合杆工程进行了整合归并。历经 52 天的时间，日夜奋战，老外滩 1.2 公里原 271 根各类杆件已合并为 102 根，原 167 个背包箱减少至 2 个。所有的重点建筑照明的面光投光灯，根据不同建筑照明效果的需要，不同数量、不同功率、不同发光角度的投光灯，分布在合并后的杆子上。此次合杆功能更全面，首次突破性地将景观灯杆也一并纳入。

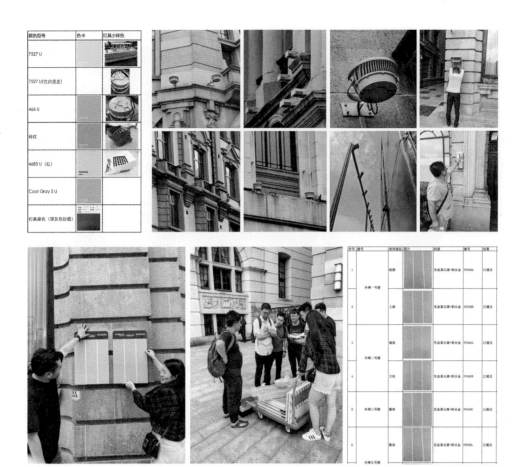

图 7-9　定制灯具外壳、线槽外壳颜色

融合：景观、文创、音乐、摄影等专业视角在这里融合

攻关小组基于优秀的设计效果、过硬的灯具品质和尖端的控制技术等有利因素，组织音乐家、特效灯光师和人文创意家跨界融合，订制了"浦江漫步"主题光影秀，通过音乐与灯光的互动呈现经典与创新交融，令人难以忘怀的海派风情，本次的外滩光影秀相对于常规意义上的灯光秀来说更关注凸显建筑本体的美感，通过尖端控制技术与音乐的高度契合，结合对建筑细节的充分挖掘，以较少的色调变化展现较高的艺术效果。"浦江漫步"作为本次滨江夜景提升项目中最大的亮点，取得了惊艳的效果和广泛的关注，"浦江漫步"主题音乐已被上海广播电视台引用，作为《上海，不夜的精彩》宣传片的主题曲广泛传播于大街小巷。

图 7-10　通过控制技术将音乐与灯光完美融合

借助此次外滩景观灯光升级改造的契机，攻关小组还带领上海市景观灯光监控中心实现了技术突破，打造了能够单点单控、实时反馈的控制系统。根据黄浦江两岸景观照明控制的整体要求，从控制层面上实现了跨区域的景观照明联网集控，实现灯光动态、静态控制，以及不同的开灯模式切换。

- 整个系统通过光纤专网组成一个可精准同步的系统，确保外滩整体效果可精准同步。

- 每栋单体建筑主控设备均可同时输出多种国际通用协议包括 ArtNet，KiNet，Pathport，SACN 等，因此系统具备极强的兼容性。

- 每栋单体建筑主控设备均可通过标准 API 接口及 UDP 方式进行第三方系统集成，如灯光互动、音乐互动等。

- 每栋单体建筑主控设备均支持与灯光控台设备的无缝控制切换。

- 每栋单体建筑主控设备均支持远程效果上传及更新，极大提高了外场灯光效果更新的效率。

- 每栋单体建筑主控设备均提供内置 Web 界面，可随时进行远程管理、状态监测及控制。

系统主控通过 UDP 协议及命令与上海市照明管理平台进行集成，管理平台可灵活调用、编排灯光节目，实现跨楼及跨区灯光效果的联动及精准同步控制。从景观照明管理层面上实现对景观照明设施相关管理工作支撑，通过智能技术，探索城市照明运营的长效机制。

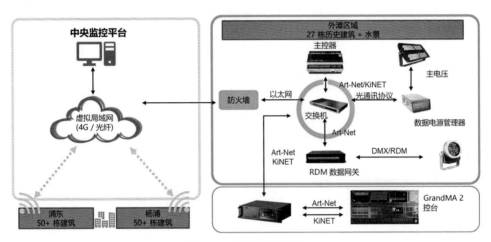

图 7-11　智能控制化系统

04 总结

通过市、区两级政府部门和众多景观工作者们的辛勤耕耘，此次具有里程碑意义的外滩景观灯光升级改造工作顺利完成，它的国际影响力和行业地位可以说在相当一段时间内是无法取代的。外滩景观照明是当下中国城市跨越式发展的景观照明的一股清流，重新把城市亮化拉回到了照明本身，引领景观照明这个行业朝着一个积极正向的趋势发展。

我坚信，只要秉持初心，继续努力，外滩会始终成为中国乃至世界城市夜景照明的典范、引领和制式，中国的景观照明也一定能健康、可持续发展，为人民群众营造更美好的光环境。

图 7-12　改造后的外滩夜景

第八章

浦江追光

十年浦江追梦行

袁　樵*

* 袁樵，清华大学建筑学博士、复旦大学环境科学与工程系副教授，兼任复旦规划建筑设计研究院副总工、照明所所长，主要从事建筑室内外照明相关科研和设计工作。在城市照明领域近年来主持完成上海、苏州、成都天府新区等地的照明总体规划，上海黄浦江两岸景观照明总体方案，上海、重庆、西藏、西安等城市灯光活动的方案设计、效果管控顾问。

2021 年 7 月，一场被媒体誉为史诗级的光影盛宴在中国共产党诞生地——上海展演，黄浦江美轮美奂的璀璨夜景成为媒体追捧的热点，全球城市滨水夜景的标杆再次成为焦点，作为一名青年照明设计师，黄浦江景观照明提升改造工程的参与者、见证者，一颗揪着的心终于如释重负……

01 梦的诞生

作为全球景观照明启航之地,黄浦江夜景一直是教科书般的存在。25年前,我在复旦大学光源与照明工程系读研究生的时候,经常听蔡祖泉等老前辈讲20世纪80年代外滩景观照明建设的故事,印象最深的是老师们讲外滩第一次亮灯时,因为太火爆了,所以亮灯结束后打扫卫生时,捡到几箩筐被踩掉的鞋子的趣事。结束学习生活后,我进入照明行业,接触的人多了,特别是在接待国内外照明业界的专家学者时,也常常感受到他们对外滩夜景照明的肯定与喜爱。当时就想,作为一个青年照明设计师,假如哪天有机会参与黄浦江景观照明的设计,在黄浦江两岸留下自己的作品有多好啊!最触动我的事就是在参加2001年世界景观照明设计大会时,世界黑天空协会中有一位教授白天在会议上批评光污染,晚上乘游船欣赏外滩和陆家嘴的灯光夜景时边拍照边说Amazoning(令人惊叹)。第二天我就专门问他,对外滩的照明亮度有什么看法,他倒也挺实在,说在欧洲肯定是过亮了,但在上海,在这么多人这么繁华的背景下,好像与气氛也蛮适合的。这一次的经历,让我对景观照明设计有了更深的思考,特别是明白了照明设计必须围绕服务对象和目的,不能呆板地受所谓的标准约束,更不能盲目套用不合国情的境外规范。

进入21世纪后,特别是在APEC会议、六国峰会、上海世博会等多次重大活动推动下,上海城市景观照明的发展更快。虽然黄浦江景观照明效果不断提升,但国内外其他城市夜景也在快速发展,尤其是在浦江两岸做过单体楼宇照明设计实施之后,更能体会到浦江照明建设的不易,黄浦江夜景如何能够在既有基础上更上一层楼,并始终保持领先地位。随着参与城市景观照明设计项目的不断累积,从单体开始做到组团、片区和城市照明规划后,整个团队一直梦想着能有机会为上海城市的夜景发展做一些力所能及的事。

02 学习探索

2011 年，我作为一名交流学者在英国进行了为期一年的低碳访学。一年里我考察了英国主要城市的夜景，他们一方面强调低碳节能，另一方面对城市核心区诸如火车站、商业中心等核心区域也会聚焦和强化景观照明建设，园林景观倒是罕有景观照明。我在英国期间正值经济危机，有不少市中心的商场倒闭，但也有"利物浦One"这样新的商业综合体横空出世，通过丰富多彩的夜间活动集聚了全市的人气。

2013 年，我有机会参与了复旦大学的《上海景观照明建设绩效评估》课题研究，学会了如何跳出单纯的设计师角度，试着从公共管理和城市运行等角度来看待黄浦江为代表的城市景观照明，这无疑是扩展了更大更全的视角和层面来看待城市夜景照明，以及夜景体验对于黄浦江两岸体验的重要性。当时还没有大数据也没有"夜经济"这个概念，但课题研究以数据说话，从景观照明建设和维护投入、商圈经济收入变化、市民游客满意度等多个维度分析和推演得出的结果，证明了景观照明对于上海这座城市的重要性和必要性。课题研究首次把景观照明定位为上海城市建设的必需品、公共产品或和准公共产品，属于城市公共基础设施，立足实际回答了景观照明该不该发展——这一长期困扰决策层面的问题。现在回想起来，思想统一对于上海之后十年景观照明建设非常重要。同时也使我进一步思考，怎样的照明能够让黄浦江夜景更上一层楼，带来更好的效果、更多的活力并受到更多的关注。在国内外城市夜景横向比较和研究的过程中，我也更能体会上海夜景现状的来之不易，光荣传统不容有失，不能片面求新求奇，因为一旦打破了优良传统会损失巨大，很难在短时间回血复原，所以所有的提升和创新必须要在传承的基础上审慎进行。

03 总体规划

2013 年我有幸承担了《上海市景观照明总体规划》的编制工作，在城市景观照明规划没有范例的背景下，特别是在上海这样的超大城市作全市域的景观照明规划，难度很大，对我这样一个青年设计师来说，压力是不言而喻的。抱着在学习中探索的心态，我和团队在很多前辈、学者、同行的支持下，在对上海城市夜景现状全面调查、借鉴国内外城市案例，围绕上海城市发展愿景目标的基础上，谋划上海城市景观照明的未来。我们一方面打破传统的行政分区，从全市域的角度来对上海的景观照明作出系统的规划，梳理出景观照明的核心和重要区域，综合城市规划、城市设计、旅游和商业等多方面专家的意见，提出城市夜景框架的结构布局。另一方面作为全市的规划，又尽量克制不去作得太细、规定太死，以免束缚实施时设计师的手脚。因此，最终在整个市域范围只精选了五个重要区域作了概念性的深入研究和示例性设计。追溯上海城市形成的历史，对于黄浦江、苏州河两条客观上同样是上海的母亲河的实际情况，我们在规划中把苏州河夜景提到和黄浦江同等重要的位置，并把"一江一河"交汇处的外滩、北外滩和陆家嘴区域作为城市景观照明的核心区域。对此区域在夜景现状较好的前提下是否需要大幅度动作其实是非常难以决断的。仔细研究之后，我们确信这个核心区域的公共空间夜景的潜力还远未到顶，值得好上加好、花大力气去做。正好上海其他的重要规划和计划不约而同地聚焦了"一江一河"的公共空间提升，给我们景观照明提升创造了更好的条件。

对于黄浦江两岸的景观照明，原先主要是外滩和陆家嘴夜景较为成熟，放在整个中心城区的维度来看，我们希望能扩展到吴淞口至徐汇滨江和前滩的较大区域，涵盖上海开埠以来到未来建设的新热点地区，从工业文明到生活岸线的不断进化，因此从规划阶段就对整个中心城区段的黄浦江岸线两侧做了整体考虑和概念性方案。同时比对2015年前后的夜景现状，我们觉得黄浦江两岸的景观照明亟须加强多角度、动态化和立体感建设。

黄浦江核心区夜景以往的观景，主要看的是外滩的东立面和陆家嘴的西立面效果，但随着城市活动的扩展，北外滩、南外滩、陆家嘴的南北侧等的观景角度日益重要，从不同的观赏点看过来，外滩不再只是万国建筑博览群表面而已，每个楼的南北立面和多个楼之间的空间关系都能更多地影响整体观感，因此需要考虑不同的观景点所呈现的多角度效果。

同时，过去三十多年的持续发展，外滩和陆家嘴的夜景比较稳定，主要呈现的静态照明效果已经深入人心，进一步提升时需要适度动态化。所谓的动态化并不是指灯光动起来那么简单，而是希望经过升级后的景观照明能够随着时间和岁月的流逝有所变化和演进，满足不同时段不同人群的观赏需要。最简单的变化就是亮度需要有不同。调研现状时我们发现观景距离拉长到上海中心、白玉兰大厦等较远的观看距离时已经觉得外滩不够亮了，而在中山东一路边拍照时又会发现很容易过爆，因此我们就需要能够在中山东一路、外滩防汛墙、江上游船、浦东高楼等几个不同观看角度的最佳亮度是能够有层级变化的。更进一步来说，我们也要求一次改造提升的成果能够在 5—10 年内满足进化的需求，而不是隔两年就要做硬件的改造。在这个大原则之下，能够做一些不同时刻场景的变化和动态的表演也是顺理成章的结果。

这些思考和研究的成果最后在上海景观照明总体规划中以核心区的管理要求、亮度／光色／动态光的要求等条款固定下来，得到了政府管理部门和同行的认可，在规划实施中也得到了较好的落实，有助于确保黄浦江照明的整体性和协调性。

04 总体方案

2017 年，上海市绿化和市容管理局围绕上海建设国际旅游目的地和促进黄浦江旅游发展的目标，开展了黄浦江两岸景观照明设计方案国际招标。2017 年 5 月底，我们上海复旦规划建筑设计研究院有限公司中标承担本次方案国际征集成果的综合、深化和总体方案的编制工作，我有了一个从景观照明总体规划的系统构想到具

图 8-1　外滩、陆家嘴、北外滩三区协调和统一的夜景照明效果图

体项目设计实践的机会。

　　按照创新领先、上海特色、操作可行性等理念，博采众长优化整合了黄浦江景观照明设计方案国际征集成果，多种方式、多种渠道听取各方意见，进行专家咨询和论证，最终形成了《黄浦江两岸景观照明总体方案》(以下简称《总体方案》含《黄浦江两岸景观照明实施导则》)。整个方案计划五年实施，因此对一些前瞻性的技术应用和规划，城市设计与景观提升等相关的优秀设计方案在时间计划上作了分布考虑和安排。整个方案除了景观照明的具体效果提升，还从旅游促进、水上交通串联组织、长期运营、周边产品的研发、AR/VR 的运用、APP 开发、广播节目的联动等方面作了深入的考虑，使黄浦江两岸景观照明具备了可持续发展的基础。

　　与国内外其他沿江沿海发展的城市相比，黄浦江两岸具有得天独厚的优势，宽度适中：两岸可以在合适的距离互望，两岸建筑风格各异。江面多有曲折，在小陆家嘴有大的湾头，形成堤岸、江上和两岸高楼等丰富多变的观看角度，因此设计时要充分强化立体感优势。老外滩、小陆家嘴、北外滩等在强化各自的建筑特色和文化传承的同时，相互配合做到风格互补。让市民和游客在平日常态照明时就从江陆空多种角度欣赏到不同风格、动静适宜、相互补充、丰满立体的优美夜景。从这个角度出发，浦江两岸三地的照明效果、动静和色彩匹配都应该是不同的，而不是同一化的处理。这是 2016 年普遍流行媒体立面照明的时候设计方案能够在外滩保留和提升几公里长的纯建筑投光照明最重要的原因，对岸的花旗和震旦大厦在 2006

年和 2010 年建成的媒体立面效果也能充分发挥画龙点睛的效果，支撑我们在设计手法上突出和强化外滩、陆家嘴、北外滩三者之间的特色和差距的做法。

同时《总体方案》从空间距离上，对吴淞口、杨浦滨江、浦东筒仓区域、世博会地区两岸、徐汇滨江和前滩区域等几个次重点区域都作出了各具特色的设计，足以拉长整个体验区域的长度，满足更多市民游客就近体验浦江夜景的需要。从纵深上，不局限于沿江第一层面的建筑和景观照明，对第二、第三排建筑乃至影响观赏的较远处高层建筑，包括虹口四川北路、浦东腹地乃至人民广场的高楼都作了设计考虑。杨浦、南浦、卢浦和徐浦四座大桥的夜景设计出发点都是满足两岸公开空间贯通后市民游客的夜间观景需要，体现大桥和景观特色，并能在节假日作到适度动态效果，同时 2017 年底贯通的两岸 45 公里滨江公共空间的景观照明也根据市民游客步行和骑行的观景角度和视觉需要做了适度提升设计。2018 至 2020 年间持续通过亮度和色彩调整，使杨浦大桥、南浦大桥区域的第一立面夜景光色、亮度和谐统一，修补、完善建筑照明天际线，调整优化第二、第三层次立面照明，使整体更和

图 8-2　航拍苏州河黄浦江交汇处的夜景

谐。通过对重要区域景观照明灯具的更新和集中控制系统的升级提升，使其可以根据不同时间、不同的呈现需要，实现不同建筑灯光联动表演、实施常态与节假日等多种开灯控制模式，也可以实现可以在某个特定时刻单独对某一个或几个建筑作突出呈现。

《总体方案》经过三年实施，在 2020 年基本完成了硬件上的提升工作，除了杨浦大桥至徐浦大桥黄浦江 45 公里贯通空间两岸景观照明的提升外，杨浦大桥至浦江入海口的"光之山门""东方之睛"等夜景项目陆续建设完成。与此同时，软件层面，场景模式和呈现效果上的创新和尝试也在推进。通过对老外滩的建筑照明改造提升，以及对东方明珠、上海中心、白玉兰广场等原有效果的软提升，可实现节假日和重大节庆活动时的丰富效果呈现，使得浦江两岸核心区 10 公里两岸岸线的整体景观照明能够联动呈现城市级别的灯光表演。根据黄浦江景观照明设计方案国际征集成果，结合上海城市灯光文化的传承，创意设计了外滩开灯仪式，为未来进一步锻造黄浦江夜景旅游品牌打下了基础。在《总体方案》中，还根据上海承办重要活动多的情况，在一些重要建筑、重要空间明确预留设施接口，方便在重大节假日和重要活动保障时只需临时按照部门灯具就能营造相应的夜景效果，这样并不会另外增加大量造价费用，同时还具备持续提升、丰富的余地和空间。

05 浦江弄潮

浦江两岸的景观照明要持续有生命力，需要能够吸引各年龄段的市民游客，并在传承经典的基础上紧贴文化潮流。设计和实施过程中我们也持续征询市民游客和各领域专家、管理者的意见，在多元化的背景下做到海纳百川、兼容并蓄。在整体方案充分实施、静态效果充分保证、经典传承切实落地之后，规划时提出的动态化、有条件和空间地实现人的参与和互动。

第一届至第三届进博会和庆祝中华人民共和国成立 70 周年的主题光影秀表演都是在此基础上持续编排呈现的。黄浦江两岸光影秀之所以被称为"光影秀"而不叫"灯光秀"，有两方面的考虑。一是黄浦江两岸要呈现的是在城市这个大尺度的舞台背景下，浦江两岸的建筑、景观、河流、船流、人流等丰富的立体场景在灯光照耀下的视觉效果和光影变幻，而不仅仅是灯光的"秀"。景观照明只是一种表现手段，不是舞台的主角，不能喧宾夺主。二是"影"一方面强调不能只有光、只有亮，没有暗影和过渡，另一方面也代表"Image"的影像含义，希望通过对两岸已有建筑大屏的视频图像的整合创作，使城市光影与视觉影像、人的感受和参与结合起来，创造有温度、能感知的完整体验。同时强化以地面人行视角为主的真实观感为核心出发点，兼顾江上游船、两岸高楼和航拍等视角的效果，确保人眼实际感受和视频传播效果的一致性。

2018 年第一届进博会期间光影秀的初次尝试，实现了两岸建筑光影和大屏内容的系统设计和内容联动。由于当时陆家嘴的建筑灯光仍有部分钠灯金卤灯，变化效果受限，因此只能多强调一些浦西外滩建筑的光影变化。后续几次光影秀随着硬件的提升和完善逐步增加了浦东光影变化的层次和效果。庆祝中华人民共和国成立 70 周年光影秀增设了临时安装的激光灯和光束灯，在两岸十余个建筑顶部布设，参与整体表演，增加了节日气氛，受到广大市民游客的好评。因此在 2020 年实现了激光和光束灯的常态化设置，但是通过严格的表演计划和审批，只在重大节日和活动时开启激光和光束表演，避免了光束扰民和能耗。

历次光影秀的另一重要创新是在外滩、北外滩和陆家嘴实现了音画同步。通过共用广播系统、新建音响系统等，使市民游客能实地实时听到光影秀的配乐，并请音乐家专门创作和改编了系列的光影秀专用配乐，极大地丰富和提升了效果和观影体验。通过 2018—2020 年历次光影秀的设计、实施、完善和提升，黄浦江两岸光影秀逐步实现了节庆化、系列化和常态化，对效果落地、组织计划、安全保障、宣传推广等逐步摸索出了系列常态化方案和措施。

06 不忘初心

在总结三年来黄浦江光影秀成功经验的基础上进一步创新，2021 年为庆祝中国共产党成立 100 周年，满足人民群众表达内心热情、共同庆祝的需要，设计实施了"永远跟党走"黄浦江光影秀。

"永远跟党走"的设计努力体现四大亮点：首先，秉承黄浦江夜景经典、雅致

图 8-3 "永远跟党走"光影秀设计效果图

的风格又紧贴时尚，运用舞台光影变幻的艺术增加秀的感染力；其次，立足上海实际，充分利用浦江两岸既有灯光设施，未再增加新的固定灯具设施且更节能，以楼宇、公共空间既有的景观照明灯光动态变化为主，辅以激光灯等进行艺术编排；再次，创新地完美融合灯光与音乐，背景音乐《流淌的辉煌》是以《国际歌》等不同历史时期人民群众耳熟能详的经典乐曲为基础进行改编的，光影的变化紧扣音乐韵律，两岸现场游客能够身临其境；最后，充分应用物联网技术、光影变化和背景音乐控制信号同步传输，实现浦江两岸光影变化与背景音效同步呈现，让市民游客有更完美的视听体验。

"永远跟党走"光影秀的设计编排，考虑到庆祝中国共产党成立 100 周年的需要，以严格的叙事风格和时间线编排为主，这点和历次进博会光影秀强调创意和氛围的灵动活泼有所区别，重在烘托和渲染盛大的欢庆气氛。所有设计内容历经一年半的设计和修改完善，征求了党史专家和有关部门的审核意见。

通过历次光影秀的观演统计，观演人流最聚集的还是南京东路外滩段，视觉主方向是外滩向东看向浦东陆家嘴的方向。因此整个光影秀的设计主视角仍然是外滩看向陆家嘴方向，同时随着北外滩国际会客厅的建成、邮轮海关区域的开放，北外滩的观景条件得到改善。设计对北外滩、南外滩沿线和浦东沿江、游船、高楼和航拍的观看效果都有考虑，尤其反复强调人的视觉效果。因此经过视觉研究，结合进博会和国庆 70 周年光影秀经验，反复考察现场条件和视觉效果后在浦东美术馆西侧沿江平台设置了建党 100 周年标志灯光装置。该装置获大世界吉尼斯纪录认证，其光色和变化效果都根据整个光影秀来编排实施。特别要指出的是，在征求有关部门的意见后，根据夜间视觉对光色和背景的认知特征，整个标志牌在保证白天效果严格遵守标志要求的同时，文字部分在夜间可以在红色和黄色两种光色之间切换，黄色字体更利于拍照留念。

设计之初考虑在外滩、陆家嘴和北外滩之间实现三角的互联，在人民英雄纪念碑、建党 100 周年标志牌、国际会客厅三者之间用激光光束灯配合不同的章节场景做连结和变化。实施过程中考虑到大规模人流聚集和人视角的眼睛安全保护，改为以建党 100 周年标志牌为核心，临时租用国内自有知识产权、世界最大光通量的激光光束灯向天空和浦西方向的正红色光束联动，尤其是开场倒计时的效果相当震撼。

本次光影秀设计的另一大难点和创新之处是"海陆空立体联动"，策划了无人机表演和游船灯光配合光影秀，两岸呼应、地空联动、声光同步，呈现一场色彩斑斓的光影盛宴。设计的无人机表演不同于一般的无人机编队表演和图案展现，是以建筑光影秀和激光表演为主，利用无人机补充空中画面、突出庆祝建党主题、烘托气氛。设计和实施过程，反复和无人机表演团队协调画面编排、起降位置、画面呈现的时间和位置、主观看方向等，实现了从外滩方向人眼观看无人机表演的主视觉效果，完美地配合了整体光影秀，并以模拟烟花效果烘托了高潮部分的热烈气氛。为了充分发挥黄浦江江面特色，在水面上设计了多种游船光影效果，和空中无人机、建筑光影和激光形成三位一体的立体效果。实施过程中考虑节俭，利用了浦江游览的已有游船，没有新建游船灯光。利用浦江游览正常运营的载客游船和空载游船各三艘，在上海海事局和黄浦海事局的大力支持协助下精心编排，考虑到表演时

图 8-4 游船编队汇聚时刻（截图自官方视频）

的水位和流速，六艘游船从四个码头按不同时刻出发，按黄浦江航行规则调头、编队，在光影秀最后高潮"永远跟党走"音乐响起时，两侧船队中心线正好驶过南京东路外滩至东方明珠塔的中心线，与无人机的最后一组图案、激光的绽放组成了完美的立体画面。

"永远跟党走"光影秀在前三年浦江光影秀的基础上扬长避短，坚持以市民游客的视角出发，考虑到在人群集聚条件下观看的视觉和听觉体验，强化故事主线，

图 8-5 无人机表演和游船光色配合光影秀整体表演的实景效果

强化各幕风格差异，力求引起共鸣。得益于鲜明的主题和引起的共情，本次光影秀成为上海乃至全国最受欢迎、最有影响力的庆祝中国共产党成立100周年的灯光活动。同时市民游客对本次光影秀的接受和喜爱，也恰恰证明了设计之初以促进浦江旅游为目的、以市民游客感受为根本的初心无比正确。

07 回顾展望

面对"上海和黄浦江照明如何做到更好"这个命题，我思考时的困惑、灵感求之不得的苦恼、不断的自我否定和改进，对黄浦江两岸景观照明的所有花费的时间精力，在十年后回顾的时候再来看都是那么的值得。十年来我个人从诸多前辈和大师们身上学习有关照明和设计的视野和经验，从主管部门领导和市区各级政府相关部门领导和同事处学习全局视野、周到细致地考虑问题的态度、坚持正确决策的信心和决心，从各实施单位的同行同事处学习追求卓越、精益求精的匠心精神，从各保障部门参与者身上学习奉献精神，从热心市民游客、摄影爱好者们那里我学习到了善于发现美的眼光、对生活的热爱和对自我爱好的执着。参与黄浦江照明建设这十年的工作历程对我的锻炼和给予、带给我的成长和收获也是巨大的，远超过我的付出。从更大的层面来看，景观照明行业在伴随黄浦江两岸照明提升的同时，也获得了有益的推动，互相推动、共同成长，将中国城市照明的建设管理推到一个新的高度。

在各级领导和主管部门的支持和决策、各行业同事的辛勤付出、热心市民的建议和意见等多方面的共同努力下，历经研究、规划、设计、实施、改进，黄浦江两岸照明基本上实现了"一张蓝图干到底"，用"十年磨一剑"的坚持落实了规划、总体设计到具体落地呈现的一致性，也进一步证明了城市景观照明建设的长效管理需要系统化、一体化的成体系建设，一步一个脚印逐步完善和提升。目前黄浦江两岸景观照明在硬件和控制系统层面基本实现了设计目标，黄浦江景观照明的常态效果和光影秀表演效果，基本实现了最初总体研究和考虑的大部分设想。受到技术成熟度和实施协调的限制，一些历史建筑场景化内透效果、商办楼宇内透照明区域联动、核心区域的照明可定制化场景的灵活实现、更智慧更交互的游客互动、结合虚拟现实增强技术的可视化照明控制等还有待实现；随着黄浦江两岸的发展景观照明的能级仍有极大的潜力持续增长、创新和进化，与旅游、商业活动的有机融合也需要跨部门跨领域的密切合作来加快推进。今年在景观照明领域，上海在标准、法规和制度方面新的提升，更夯实了下一步再提升的基础。相信在下一个十年中，黄浦江两岸的照明在效果、能级、活力上还会有更多的创新和突破，相信通过无数照明人的不懈努力和付出，黄浦江两岸景观照明的未来更璀璨、更美好、更温暖、更宜人。

第九章

破茧成蝶

虹口北外滩夜景深化设计

杨 赟[*]

* 杨赟，同济大学建筑与城市规划专业博士，主修视觉与照明专业，现任上海现代建筑装饰环境设计研究院有限公司照明艺术设计一所所长，中国照明学会第八届室内（外）专业委员会会员，上海照明学会照明设计专业委员会副主任委员，国际照明设计师协会专业会员，亚洲照明设计师协会资深会员。承担的上海虹口北外滩景观照明提升设计等项目，曾多次获得中国照明工程设计一等奖、白玉兰照明奖金奖、美国 LIT 景观照明设计大奖、亚洲照明设计奖非凡之光奖、美国 IDA 建筑照明银奖、美国 Muse Design Award 设计铂金奖。

作为一名青年照明设计师，有幸参与黄浦江景观照明集中提升改造项目，并且负责北外滩整个区域景观照明深化设计，是我职业生涯中的一个难得机遇，同时也是一次巨大的挑战。北外滩是黄浦江夜景的黄金三角核心区域中极其重要的组成部分，老外滩的万国建筑博览群早已举世闻名，承载了上海辉煌的过往；陆家嘴鳞次栉比的摩天楼是上海乃至中国国际化大都市的代言，成为世界一流的现代化城市CBD群的翘楚。这两个区域的夜景在知名度、影响力等方面均蜚声海外，珠玉在前，如何让北外滩的夜景建设能够凸显特色和亮点，是照明设计伊始面临的挑战。同时，这个项目并不是在"白纸"上的全新设计，而是在《黄浦江两岸景观照明总体方案》既定原则下、已有高起点夜景规划基础上的提升设计。

01 北外滩的基本情况

北外滩滨江岸线全长约 2.5 公里，是上海最为重要的滨水景观带之一。苏州河与黄浦江的交汇口成为上海老外滩历史建筑群与北外滩的分界，其滨江岸线同时与摩天楼林立的陆家嘴 CBD 隔江相望。整个区域内绿化带浓密延续，蜿蜒宜人沿江步道的贯通工程穿梭其中，彰显着"开放、美丽、人文、绿色、活力、舒适"的特色风貌。拥有悠久航运业发展史的北外滩成为上海的"水上大门"。独特的航运文化与产业优势成为北外滩特有的文化名片。本项目实施之前，北外滩区域已经进行了一定量的景观照明建设，组成滨江天际线的第一、第二层面的楼宇均有一定的夜景效果呈现，主要包括上海大厦、海湾大厦、白玉兰广场、北外滩来福士广场、国航建筑群等近 50 栋楼宇。应该说，通过多年的建设，北外滩夜景效果已经有了较好的基础。

图 9-1 北外滩鸟瞰

02 存在的主要问题

北外滩的扬子江段建筑照明以暖黄色的低色温的静态光为主，使用灯具多为传统灯具（金卤灯），呈现的照明效果不够一致。临江第一排为低矮的多层建筑，如原日本领事馆，但部分建筑照明缺失，年久失修。国客段为北外滩的核心段，白玉兰广场、港务大厦、国投建筑群（"6个小胖子"）都呈现出动态万千的媒体立面效果，只是彼此毫无关联、各自为政。置阳段天际线主要由居住建筑组成，原楼宇灯光均有建设，但也出现了局部损坏；悦榕庄酒店的照明以发光点为主，变化多样且色彩纷杂。国航段主要为商务办公楼，建筑景观照明，以白光、冷白光等静态效果为主。部分楼宇亮度过高、色彩不统一：如来福士广场灯光全开时亮度过高、浦江国际金融中心光色以蓝色为主等。北外滩水岸线整体上缺乏驳岸照明，绿化景观照明较为零散，难以形成连续的夜景水岸线，整体性弱。从照明控制这一环节看，楼宇照明大多为单独控制，集中控制技术应用较落后，管理效率不高。

根据《黄浦江两岸景观照明总体方案》要求，通过实地勘察和分析，我们认为北外滩夜景存在的主要问题集中表现在几个方面：一是原有效果缺乏统一的规划和控制，统一性和秩序感不强，光色使用较为混乱，协调性、层次感有待提升。二是已有照明灯具较为老旧，部分照明设施缺失，效果难以连续，无法营造完整绵延的

滨水夜景界面。三是区域照明体验较为平淡，表现手法单一，景观节点夜景表现缺乏新意，不足以展现虹口段滨水夜景特色与风格。最后是照明控制技术相对滞后，尚未建立集中控制系统，无法满足精细化、智能化管理的需求。

03 深化设计思路

航运业和水文化是北外滩区别于其他区域的"特色"。独特的航运文化与产业优势成为北外滩特有的文化名片，这也成为我们景观照明深化设计的突破点和切入点——以水为题，将区域文化和发展的特色用光影进行描绘和强化，打造北外滩特有的滨水夜景观。

纵观这段滨水沿线，楼宇高低错落、起伏有致、自成章法，形成了以白玉兰广场为代表、西低东高的天际线走势。结合自身的节奏和产业特色，在夜景效果提升中，以"水韵北外滩、启航新上海"作为设计主题，启动北外滩新的发展航程，开始新的腾飞之旅，将虹口段的文化特色、城市形象、发展态势以全新的形象展示出来。在设计主题的引领下，针对现有资源和客观条件，形成了"文化领航、资源整合、存量激活、智能互联"四大设计理念，使其既成为老外滩厚重历史风格的延续，又以活力清新的姿态和陆家嘴 CBD 交相辉映。

文化领航——城市夜景的营造不仅是表现美，更要能体现区域特色与文化内

图 9-2　北外滩全景灯光效果

图 9-3　北外滩的水岸光影

涵，做到"光亦有魂"，紧紧围绕着航运发展、水文化、水元素这独有的区域特色，形成差异化、特色化的光影效果，打造灵动、清新、创意化的夜景体验。

资源整合——北外滩区域主要的一些楼宇，如白玉兰广场、港务大厦、国客中心等，现有夜景显示内容各自为政、难以形成具有特色和规模的夜景观赏项目。这一轮的优化提升将对这些存量夜景观进行主题、形式、亮度、色彩、内容等环节的统一设计与整合，形成具有规模化、主题性、秩序感的滨水夜游新亮点。

存量激活——北外滩滨水绿化植被连绵繁密是非常鲜明与独特的景观优势。在国际客运中心滨水区域，有一条绵延 1 公里左右的游轮码头区域，占据比较明显和醒目的滨水景观位置。这两大景观存量的夜景原状均缺少特色化、创意性的夜景表达，缺乏活力和可识别性。通过这次的设计提升，希望能够激发这两大景观既有存量的潜力与价值，形成具有鲜明视觉符号和特色的夜景效果。

智能互联——通过使用物联网智慧照明控制系统实现控制平台对各控制节点单

图 9-4　北外滩的建筑夜景集群

体控制、分组控制、集中控制等多种控制方式，打造一个系统性强、具有强电弱电一体化、扩展性大、稳定性高等特点的智能化控制平台，使得整个区段的照明管控迈入了智能互联的新层次。

04　夜景的总体设计

第一，视觉布局。遵循《黄浦江两岸景观照明总体方案》要求，呼应浦江核心三角区域夜景整体效果，结合实际情况，夜景深化设计提出"一核、两带、多点"的照明架构。其中白玉兰广场的夜景效果形成了滨水建筑群的视觉核心，左右延伸打造完整的建筑夜景天际线和滨江景观照明带，使北外滩夜景既与外滩、陆家嘴整体和谐，又独立成为具有自身特色的夜景篇章。在完成中心视点布局的基础上，同时在重要节点选取若干载体进行夜景的创意设计（如彩虹桥、音乐之门等），进一步丰富夜游体验。

区域景观照明架构　　　**一核、二带、多点**

⬭ 一核：白玉兰广场为中心的区域　　◄--- ---► 建筑天际线　　● 夜景观节点：彩虹桥
　　　　　　　　　　　　　　　　　　　　　　　　　　　　　　　　　　　　　　文化步道
　　　　　　　　　　　　　　　　　　◄━━━━► 滨水景观带　　　　　　　　　音乐之门
　　　　　　　　　　　　　　　　　　　　　　　　　　　　　　　　　　　　　　草坪音乐会
　　　　　　　　　　　　　　　　　　　　　　　　　　　　　　　　　　　　　　游艇码头
　　　　　　　　　　　　　　　　　　　　　　　　　　　　　　　　　　　　　　……

图 9-5　北外滩区域夜景观架构

第二，亮度梯次。依据黄浦江沿线整体规划控制指标，北外滩天际线建筑照明表面平均亮度控制在 15—23 cd/m²，根据建筑的重要性和位置，分为标志性建筑、滨江第一层次建筑和第二层次建筑。针对标志性建筑（白玉兰广场、港务大厦、北外滩来福士广场、万国建筑博览群）照明表面平均亮度相对较高，控制在 20—

4.1 天际线建筑照明分级

突出标志性建筑照明，强化背景建筑顶部照明，控制背景建筑立面亮度和光色

夜景观空间分布	载体	景观特征	设计手法	具体建筑
标志性建筑	标志性建筑顶部	标志性，视觉焦点	可使用彩色光、动态光，亮度较高	白玉兰广场、星港国际中心
	标志性建筑楼身	标志性，重要景观节点	可使用彩色光、动态光，亮度较高	白玉兰广场、国投大厦、星港国际中心
天际线起伏曲线	建筑群顶部	界定夜景天际线，烘托视觉焦点	较为统一的光色和亮度	
天际线展开面	第一层次建筑立面	丰富天际线景观内容，营造天际线视看范围	内透光和立面泛光，光色较为统一	上海大厦、海湾大厦、海鸥饭店、外滩茂悦大酒店、国际港务大厦、新华保险、新外滩花苑、国际航运服务中心、嘉昱大厦、浦江金融广场、星外滩大厦、瑞丰国际大厦等
	第二层次建筑立面	丰富天际线景观内容，营造天际线视看范围	内透光和立面泛光，光色较为统一	中信广场、上海电网、宝矿大厦、百联置业大厦、耀江国际广场、一方大厦、白金府邸等

图 9-6　北外滩滨水建筑照明分级

23 cd/m²。其余建筑强调顶部照明，并根据建筑层次控制立面亮度。滨江第一层次建筑表面平均亮度为 18—20 cd/m²，第二层次建筑为 15—18 cd/m²。

第三，光色控制。结合上位规划以及"水文化"主题，北外滩夜景照明整体光色主色调以白光为主，色温控制在 3300—5300 K 范围内，重点区域和建筑可适度使用彩色光和动态光。天际线建筑光色根据其位置和性质进行细分。扬子江码头段与老外滩相连，包含多幢历史保护建筑，色温以 2700—3300 K 静态暖白光为主。国客段，重点突出白玉兰广场为中心的媒体建筑群，可分时采用动态、彩色光，节假日、重大节假日提倡使用动态、彩色光，其余建筑采用 3300—4000 K 白光。国航段，主要为商务办公建筑群，以 4000—5000 K 静态白光照明为主。滨江绿化景观照明色温控制为 3000—4000 K，可适当使用彩色光，节假日、重大节假日时段可以展示缓动效果。

图 9-7　北外滩滨水建筑光色规划

05 创新创意亮点

第一，启航之光。北外滩区域目前地标——白玉兰广场，以及紧邻的港务大

图 9-8　北外滩滨水建筑照明联动效果

厦、国客中心（6栋较矮的楼宇）等8栋楼占据了其夜景滨水第一界面的核心位置，原先都已经不约而同地采用了媒体立面的手法进行夜景呈现，但其呈现的内容互无关联、各自为政，与浦江沿线现代雅致的整体效果难以匹配。在硬件设备基本安装到位的前提下，综合考虑经济性、可操作性等多重因素，深化设计最终中使用了"利用、整合、提升"的策略——在不进行主要照明设备的更新的情况下，通过改造和优化其控制系统，使这8栋建筑形成了连续、协调、规模化的联动效果。同时重新进行视频内容的再创作，形成以"沪航之源、水韵之光、玉兰盛放、海纳百川"四大板块组成的名为"启航"的全新视频联动效果。这项深化设计及其实施，有效解决了以下几个问题：一是效果的整体性，8栋楼的联动形成了规模化的整体变化与呈现，化零为整，加强了北外滩岸线区域夜景观的视觉冲击力，形成了新的夜景地标。二是投入的经济性。由于原有照明设备的充分利用，大大降低了经济投入，最大程度地节省了建设成本。三是建设的可操作性，设计方案并不涉及大面积幕墙灯具的更换工作，对于施工来说，大大降低了难度，缩短了工期，对于整个项目的推进，起到了非常关键的作用。四是视觉的人性化，在视频内容的创作中，从主题上突出水文化为核心，贯彻始终，强化区域特点。同时，为了降低视频放映时

对周边人居环境影响，画面尽量采用黑色、深色作为背景色，并降低变化频率，多以水墨意蕴的形式进行展现。建筑立面表面亮度在大多数放映时间内保持在相对较低的水平，色彩尽量以低饱和度、对比度的配色出现。加上通过严格控制放映时间与次数，使得这个联动效果对周边的影响降到了最低水平。

起航之光项目的实施，是黄浦江景观照明集中提升改造过程中利用原有媒体立面优化效果的典型案例，丰富了黄浦江夜景效果、展现了北外滩全新的形象，实现了"华光绽放"的设计主题。

第二，水影码头。北外滩沿线的上海国际客运中的码头区，位于滨水岸线的核心段，该码头宽30米，沿江延绵近1公里长，原先只有常规的功能性路灯照明。该段码头区周边、对岸高楼林立，江上游船穿梭不停，滨江步道游人往来不息，无论鸟瞰、船上，还是步道上都可以看到这个片区。原有的夜景效果昏黄单调，对于形成连续的、特色的滨水界面有着较大的影响。设计中对于如何激活这一面积狭长景观载体的活力进行了反复研究探讨，最终确定了在以弘扬"水文化"为宗旨的前提下，对于现有码头地面投射光影旖旎的水波纹的艺术照明效果，打造出一段如梦如幻的水影码头的光幻境。

图9-9　北外滩国际客运码头鸟瞰夜景效果

　　这个创意从设想到最终实现可谓一波三折，首先是现场灯位的限制。因为该码头实际还肩负客货运输的功能，不能随意立杆装灯。设计中结合现有场地条件，在原有路灯灯杆旁边树立了30余个新的多灯头灯杆，间距达到了30米。这就给灯具性能提出了很高的要求，每个灯杆需要覆盖30×30米左右的面积。最终采用每个灯杆上安装6套可变焦大功率水纹投影灯，向堤岸上投射波光涌动的蓝色水纹。每个灯的角度都需要根据现场条件进行精准的调试，才能满足全覆盖、无暗区的要求。另外，因为新加灯杆位于码头之上，其抗风能力也有较高要求，在形式上、结构上既要美观、又要坚固，既要能承载多头灯具的安装条件，又不能体量过大，影响白天景观效果。最终设计团队自主研发设计了一款截面为矩形的、表面带艺术穿孔造型的灯杆，同时兼具安装码头水纹灯、后排绿化的照树灯两项职能，每根灯杆上都有12套灯具之多。

　　项目完成后，整个码头区域在晚上呈现出梦幻一般的水纹效果，使"水文化"

的特色得到了充分的弘扬，凸显了航运产业的鲜明特点。同时辅以堤岸侧壁忽明忽暗的发光点形成的波光粼粼之效果，使这一片原本枯燥沉闷的码头换装成为兼具艺术性、趣味性、观赏性于一身的夜景新亮点。无论是远看、鸟瞰、近看，都能感受到波光涌动中的那份别致与浪漫，深受市民、游客的喜爱。

经提升改造后，这块区域一改昔日昏黄单调的夜景形象，脱胎换骨为一隅临江赏景的绝佳场地，不少商业活动陆续在这一区域举办。照明提升不仅改善了区域的

图 9-10　北外滩滨水步道的不同照明效果

夜景品质，更是对这一地块自身价值潜力的挖掘与激发，可谓社会效益、经济效益均取得了上好的效果。

第三，青霭滨江。与浦江其他滨江岸线相比，虹口北外滩有着更为浓密的绿化，这一存量景观即是得天独厚的优势，又因其浓密高大的形态给照明带来了很多技术挑战。设计希望通过光影将这一层滨水绿屏特色化、艺术化地予以展现，但又能使其过于明亮显眼。设计从中国青绿山水画中得到灵感，将中国画中特有的艺术着色手法应用于滨水景观照明。利用彩色光将树冠晕染成国画中的黛青色，树木下部则采用暖白光的投光照明，通过光线的明暗渐变和颜色的搭配形成青绿山水国画般的都市森林。实施中利用多功能灯杆，将照树灯与高杆灯相结合，正面投光加底部投光的双套照明系统对树木进行渲染，更体现出树木层叠起伏的层次。下部投光灯采用 RGBL 光色可调灯具，定制的 L 柠檬黄色的搭配，更适合于对绿色树木的表现，效果通透清新。树冠投光灯选用 RGBW 光色可调灯具，可根据不同的季节和不同场景模式呈现不同颜色。当树冠投光调至橙红色、下部投光灯调为暖黄色时，

图 9-11　北外滩滨水步道夜间效果

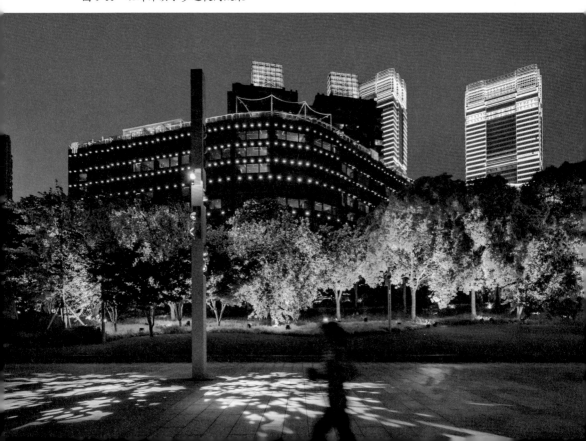

树木则呈现出秋至枫红、层林尽染的艺术效果。

通过对现状条件的综合分析和利用，定制化多功能灯杆的整合创新设计，实现了北外滩水墨意蕴般的景观照明效果。重大节假日时，树木绿化灯光可配合北外滩核心建筑群灯光进行联动，包括颜色的变化、跑动等，使整体画面更为丰富、壮观。平日模式时，绿化灯光保持静态投光，以水墨画的光影意蕴和色彩搭配，形成"有特色、有层次、有格调、有风韵"的四季变换光影画卷。

第四，城市晴雨表。高 320 米的白玉兰广场——目前北外滩的最高建筑，是北外滩区域建筑群中灯塔般的存在。为凸显其地标形象，同时强化"人—自然—城市"相互影响、相互依存的密切关系，在白玉兰屋顶部分进行了创意性的参数化光影设计，即通过更换顶部塔冠的灯具、加装物联网设备系统，形成"信息收集—信息处理—信息可视化"的智能交互系统，以气温为参数，将温度变化与顶部夜间光色呈现进行关联对应。根据上海的常年气温统计，将参数范围选择在零下 10 度—40 度之间的摄氏温度区间内，以每 5 摄氏度为一个变化单位，对应相应不同的色彩，直观地呈现在白玉兰广场屋顶上。这样市民就可以通过屋顶的色彩了解来天温度情况，体现了一种人居—环境—自然的互动关系，白玉兰广场的屋顶也因此有了和自然界同呼吸的"光之气息"。

夜景灯光设计的一个"小心思"，体现的是设计者关注人与自然和谐的大情怀，通过这样一个参数化的设计提升，使市民游客对城市环境有了多的关注，景观照明，不仅仅是体现美的单一功能，还兼具自然环境可视化的额外含义。

图 9-12 "光之气息"的不同效果

第十章

永不止步

智能控制，精细化管理的基石

华剑春[*]

---

[*] 华剑春：上海公用事业自动化工程有限公司总经理、教授级高级工程师（三级）。长期从事城市公用事业领域物联网技术的应用研究，主持完成了上海市景观照明监控系统、上海市公交智能化系统示范工程工可和初步设计（交通部公交都市建设项目）、上海市公交行业监管平台、上海虹桥枢纽站公共交通智能化系统、上海市交通运输车辆电子营运证系统等项目。担任上海市电机工程学会运动专委会副主任、上海市市容环境卫生行业协会景观照明专业委员会副主任，市科委、市经信委、市采购中心聘任专家。

经历了三年多的建设，黄浦江景观照明集中控制提升改造工程成果显现，焕然一新的浦江夜景让上海市民与海内外游客好评如潮，赞誉声不绝。作为一个在控制领域工作四十余年，参与上海景观照明集中控制工作近三十年的老人，很难得又有机会参与了黄浦江景观照明集中控制系统建设工程。项目的成功实施及应用管理的成效得到业内人士的广泛关注和好评。在此，回顾总结这个项目的初衷与实践，以为同行留鉴。

01 建设的背景

上海市景观照明监控系统始建于1995年，控制技术伴随了景观照明行业应用需求的不断提升与发展，也见证了灯具及控制方式的快速进步，大致经历了两个阶段：远程开关监控和远程动态控制与管理。

1995年建成的上海市景观照明监控中心属于第一阶段，控制对象以冷光源灯具为主，开关动作不频繁，一般情况下只需每天远程控制开灯和关灯，适用静态灯光的控制。需要动态表演控制时，由监控中心发启动指令，采用现场控制来弥补。1997香港回归时，"亚太腾飞"沿黄浦江50套探照灯集群表演是较典型的应用。

第二阶段是2010年上海世博会前夕改造升级的系统，具备了大场景远程开、关灯具的时序控制功能，时序控制的精度达到1秒内，实现了世博期间景观灯光天际线（沿黄浦江100余栋楼宇灯光，在规定的一分钟内，自西向东均匀开灯）的开灯表演秀，开启了强电控制大场景景观照明的首秀。

2018年，围绕把黄浦江景观照明建成与卓越的全球城市相匹配的城市滨江夜景目标，上海提出了以"最高标准，最好水平"建设黄浦江两岸景观照明智能化监控系统，要求兼容所有新建、改建和已有的景观照明设施，完善和提升上海市景观照明监控中心的整体能力，实现浦江两岸景观照明智能化控制和精细化管理，为国内外宾客展示具有上海特色、国际一流的城市滨江夜景，使上海景观照明监控系统进入3D可视化动态监控和大数据管理的时代。

02 建设目标

根据《黄浦江两岸景观照明总体方案》，黄浦江两岸景观照明智能化监控系统要对标国际最高控制管理水准，满足对以浦江沿岸为中心的城市景观照明实时联网集控、动态方案控制以及综合管理的需求，实现具有最高水平的黄浦江两岸景观照明控制和管理。监控系统运用先进的信息处理、控制以及通信技术，建设国际领先的滨江景观照明智能监控平台，满足《黄浦区两岸景观照明总体方案》相关控制、管理要求，实现黄浦江两岸各类景观照明设施的实时监控和精细化管理。

本项目的建设定位着眼于"四个面向"：

一是面向市民游客，构建实时、高效的黄浦江两岸景观照明智能化监控系统，实现对滨江区域景观照明分区以及景观照明设施的实时联网联控，确保按照既定计划、模式执行各类景观照明动态表演及展示方案，忠实再现景观照明节目方案编排、设计效果，为市民及游客展现世界一流的黄浦江滨江夜景。

二是面向管理部门，利用3DGIS+BIM技术，实现建筑物及相应景观照明设施建模，将其加载到统一的可视化管理平台进行输出展示，同时叠加设施基础数据、景观照明实时控制数据、照明及方案执行反馈数据、电流电压及电能数据、实景视频数据以及综合统计分析数据等，实现多元数据的融合共屏展示，增强系统科学管理能力和效率，提升景观照明精细化管理水平。

三是面向运维单位，通过自动化的数据采集、诊断以及分析功能，对设施的运行情况数据进行处理、研判，并将相关运行管理和报警数据以微信、短信的形式共享到运维单位，便于其及时维修，提升运维效率及质量，确保系统长期可靠运行。

四是面向设计和建设单位，基于3DGIS+BIM的可视化展示平台，融合建筑模型、照明设施模型、灯具配光模型等，可以对照明动态、静态效果进行模拟和仿真，构建景观照明仿真及验证平台，支撑景观照明的部署、光源选型、景观方案编制等，为照明设计、建设方案提供科学决策。

03 建设主要内容

黄浦江景观照明集中控制系统主要建设内容可以概括为："1个平台、10项应用、5类终端、1套数据资源、1套应用支撑系统及1张通信网络。"除此之外，还有相关的各类配套设施，完善健全工程建设及运营保障机制。

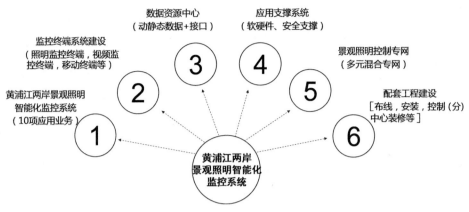

图 10-1　黄浦江两岸景观照明智能化监控系统

1. 一个智能化监控平台。构建智能化景观照明控制平台，用于实现对浦江两岸景观照明设施进行集中控制和管理，平台创新融合 3DGIS 和 BIM 技术，叠加建筑物、照明设施模型数据以及各类应用业务数据，为浦江两岸景观照明提供实时联网控制服务，并为日常运行、管理提供全方位的信息化、智能化系统支撑。

2. 十个应用子系统。包括黄浦江两岸景观照明实时控制系统、可视化交互管理系统、能耗监测管理系统、综合运行态势实时分析系统、景观照明模拟仿真及方案管理系统、设施运维管理系统、实时图像监控管理系统、数据资源综合管理系统、多元信息发布管理系统、数据资源交换系统等 10 个应用子系统，实现对景观照明运行数据，控制数据和管理数据的采集、处理、分析、共享等，为景观照明运行、管理等业务提供支持。

黄浦江两岸景观照明实时控制系统	可视化交互管理系统	信息安全管控
能耗监测管理系统	综合运行态势实时分析系统	
景观照明模拟、仿真及方案管理系统	设施运维管理系统	
实时图像监控管理系统	数据资源综合管理系统	
多元信息发布管理系统	数据资源交换系统	

图 10-2　十个应用子系统

3. 五类控制终端。根据景观照明控制需求和视频监控控制需求，建立完整的景观照明监控终端体系，部署 A、B、C 三类景观照明控制终端、LED 媒体墙控制终端及视频监控终端等五类控制终端，从信号数据、控制数据以及图像数据三个层面为系统提供数据支撑。

4. 数据专用网络。数据专用网络由无线 4G 专网、有线 / 无线公网 VPN、光纤专线、自组微波通信局域网组成。景观照明监控通信以 4G 专网以及光纤专线为主，负责实现大场景、跨区域的，高可靠性的控制通信网络，在满足实时性、低延迟的同时，规避因为网络拥堵，信号屏蔽对景观照明控制系统造成的影响。为确保网络的时钟同步，采用了北斗卫星校时系统。

在布设通信网络时，需考虑安全性、实时性、可靠性、经济性和可行性等要素，根据监控的技术要求，因地制宜布设通信设备。激光、光束灯等技术要求高的监控点采用光纤和无线网络互为备用，一般表演类的监控点采用 4G 无线专网和无线公网互为备份的方式，市和区级监控中心采用光纤专线或 VPN 宽带。

5. 一套数据资源系统。数据资源包括景观照明控制、管理、展现所需的地图资源、3D 模型资源、基础数据资源等，包括各类动态、静态基础数据和接口。数据资源为业务应用系统提供数据支撑。

6. 一套应用支撑系统。应用支撑系统包括业务应用系统运行所需要的基础软硬件设施，如服务器、交换机、路由器、存储设备、大屏幕、UPS、操作系统、数据库环境、虚拟机环境、地图引擎等。

7. 配套工程建设。配套工程主要为黄浦江两岸景观照明建设控制中心、数据网络、800 余套监控终端的相关配套建设工程，包括控制中心设备安装、弱电系统建设、现场终端设施安装，综合布线，调试开通以及防雷接地测试等工作。

04 探索与创新

1. 创立市区二级控制新模式。项目实施前，黄浦江两岸四区已经建立了区级的景观照明控制分中心，系统功能较为简单，覆盖面不够广，最为重要的是无论从系统角度还是控制终端，不具备大场景景观照明动态控制的能力，为了确保黄浦江两岸景观照明能够真正统一"控起来，动起来"，必须考虑建立能够"直接指挥"到各区景观照明终端的集中控制系统。

要实现集中控制直接控制到终端，有两条技术路线：一是通过各区的景观照明终端先接入到区控制系统，再通过系统级联实现控制对接；二是各景观照明终端直接连接到市集控平台，区平台通过市集控平台实现对下属终端的间接控制。上述两种方式均有其优缺点，对于采用"市集控—区集控—终端"这种模式，优点是结构条理比较清晰，符合上海市景观照明属地化管理的常规模式，缺点是数据传输过程需要经过区景观控制中心中转，存在通信延时，并会对稳定性造成影响，并且在进行跨行政区的景观照明编排上，会存在一定的难度。对于终端直接接入市景观控制平台，区通过市平台进行间接控制的方式，优点是市平台直接控制，通信延迟和管控难度可以较低到最低，并且可以采用多种手段保证数据、通信安全，在进行跨区域节目编排时，也能够更加灵活的分区分组编排，缺点则是相对而言在景观照明终端设备安装、调试工作量大，沟通协调的难度相对较大。

经过多方论证，最终采用了第一种和第二种方式的可切换模式，参与大场景表演的终端的控制权被直接接入市集控，表演完成后控权可返回区属集控中心，事实

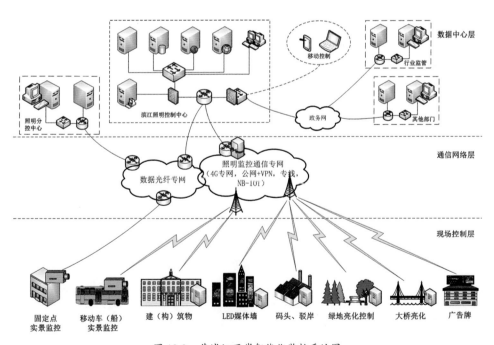

图 10-3　黄浦江两岸智能化监控系统图

证明在之后的浦江两岸光影秀节目编排与展演管理中，在亮灯控制速度、节目编排、调试效率以及表演的同步性上均达到了预期的效果。

2. 控制与管理并重。在项目实施过程中，系统充分考虑了景观照明行业施工管理、运行管理及维护养护管理的一系列需求，力求采用信息化的工具和手段，提升景观照明行业基础数据、过程数据的实时性、可靠性，通过优化管理模块和工具，进一步提升、优化系统平台在日常管理中所发挥的作用，从而为上海市景观照明精细化管理提供技术支撑。

一是基于景观照明工程生命周期的数据管理。景观照明灯具等设施一般安装位置在户外，存在一定的故障率，同时在日常使用中，光源部件等存在光衰的情况，需要定期进行维护更换。由于景观照明建设工程、后期养护工程、改建工程可能由不同的政府部门主导，或由不同的工程公司实施，这就造成了目前景观照明管理中的一个难点问题，即在景观照明工程的建设、运行、养护、改造等过程中，相关的工程数据难以有一个完好的移交，这一方面是因为原有移交衔接流程的不完善，另一方面也是因为传统纸质工程资料的保存和转移比较困难，特别是因为经过维修和改造后，原有工程资料数据同实际情况容易出现不一致，进而对景观照明管理产生影响。

系统从景观照明的设计、建设以及运行作为其生命周期中最重要的三个环节入手，通过在线式的景观照明基础信息、工程图纸管理，配合在线故障处理，在线运

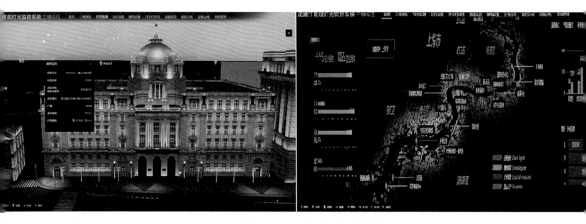

图 10-4　3D 的可视化效果图

行台账管理等模式，有效降低管理难度，提升管理效率，确保系统整体长期运行可靠。

二是基于3DGIS的动静态数据可视化管理。景观照明集中控制系统采用可视化的管理工具，配合数据分析引擎，实现对景观照明设施控制、管理的可视化、精细化。

通过基于3D的可视化管理平台可对前期的方案规划设计提供支撑，可以在控制中心模拟出现场不同的照明观景视角，如滨江步行视角，黄浦江游船视角等，从而为景观照明设计、建设、视频监控选点等提供技术支撑。

3. 建立完善标准规范。在项目实施过程中，为确保景观照明集中控制系统的系统性、可靠性、兼容性，在政府管理部门组织与推动下，以相应的国际标准、国家标准以及行业标准为依据，组织编制了上海市景观照明监控系统建设的相关指南、规范标准，为促进上海市景观照明监控系统的建设质量奠定基础。

一是强电控制（柜）系统的标准化。黄浦江两岸景观照明建设项目要求接入新建及存量景观照明设施，在存量设施中，强电控制柜种类繁多，不同施工单位的控制原理图都不相同，需要作相应的改造后才能与监控终端对接。本项目对电控柜进行了标准化设计，形成标准的电气原理图，控制回路图以及和监控终端交接端子表，规定了在强电柜中预留安装监控终端的空间，新建和改造都采用标准化设计后，建设和改造的速度大幅度提升，可确保远程控制中节假日、日常、深夜等模式

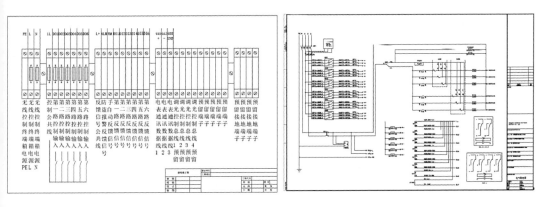

图 10-5　强电控制柜端子图、电气原理图

组态展现，同时也有利于设施设备的运行维护。

二是弱电对接层面通信协议标准化。目前各类景观照明灯具的数据总线接口多样，存在较多的定制产品，本项目在灯具侧选定 DMX-512A/RDM 标准，在控制中继侧选择 Art-Net3 标准，上述两个标准均是国际上的主流标准，在锁定了相关标准后，要求景观照明灯具、分控设备、主控设备必须支持上述两个控制总线协议，相应的网络构建也围绕上述两个标准展开，由于采用了统一的数据标准，为后期的系统扩容、同其他系统或设备的对接等工作提供了良好的基础。

三是控制终端分类规范。按监控的功能要求，将监控终端设备分为 A、B、C 三类，便于在监控终端设计中根据要求选配。在技术层面，监控终端根据控制精度要求、通信模式、控制功能与模式等原则进行分类；在应用层面，提出根据控制区域的规划配置设备，有效管控了建设资源投入，优化了建设投资。

A 类终端：用于核心区域、重点区域、地标性建筑，具备强、弱电动态控制功能，一般优先接入市级控制平台。

B 类终端：用于与核心区域相邻的纵深区域，可根据整体场景联动表演要求切换相应的静态场景，实现照明控制联动，确保表演效果一致性，此类终端优先接入市级控制平台。

C 类终端：用于一般区域，可按要求远程开、关灯，一般优先接入区级平台进行控制。

05 项目的主要成果

黄浦江景观照明智能化控制系统建设项目的实施，完成从单点控制到区域控制、静态控制到动态时序控制、强电控制到强弱电一体化控制、回路控制到单灯控制的技术升级；系统响应实时性、同步性、可靠性、扩展性方面有了显著提升；控制对象从泛光灯到光束灯、激光灯、投影、艺术灯光装置、水幕、音响（岸线、游船）等多类设备；功能从每天开关灯到大范围动态联动演绎控制；此外，系统融合了视频监控技术、信息安全技术、3DGIS/BIM 技术，实现了基于三维可视化的 AI 控制，支持对景观照明设施全生命周期运行管理，进一步提高了景观照明的精细化管理程度。

一是提升上海市景观照明控制水平，建设世界一流技术水平的景观照明监控平台，实现了在超大型城市中跨区域的大场景景观照明实时动态联网联控。满足滨江不同灯光表演方案、不同开灯模式的复杂控制要求，本项目控制对象包括内光外透、投光灯、洗墙灯、LED 点光源、LED 媒体屏以及探照灯等不同的照明设施，控制范围同时包括单灯控制、回路控制和系统控制三个层面，通过本项目的实施，可以有效地将各类照明设施、照明系统等控制对象进行整合，实现大尺度范围的实时联网联控，极大提升上海市景观照明控制水平。

二是建立控制通信网络，实现全天候高可靠联网联控，在项目建设基础上，扩大深化对 4G 无线通信专网的应用，配合有线光纤链路，公网 VPN，自组微波通信局域网等通信方式，构建了混合架构的景观照明控制通信网，确保在重大节假日、活动期间的数据通信可靠性，确保滨江景观照明的展现效果。

三是融合多元数据处理及可视化展现，为景观照明科学化、精细化管理提供支撑；随着控制要求的提高，黄浦江两岸景观照明监控终端的数量和复杂性进一步增加，以往的管理模式和技术手段无法有效地满足大规模景观照明监控终端的运行和管理需求。利用数据分析、智能分析等技术，在线对景观照明设施的运行数据、监控数据、能耗数据以及视频等数据进行采集和处理，对系统运行状态、设施运行状况以及亮灯率，能耗水平等进行自动分析，形成各类统计分析结果和报表数据，并通过 3DGIS+BIM 可视化平台展现出高度整合的管理界面，简化景观照明设施、系统管理难度，提高管理效率，为景观照明科学化、精细化的管理提供技术和数据支撑。

四是在景观照明监控中引入 BIM 模型技术和可视化管理技术台，通过搭建多元数据可视化管理平台，为景观照明设计、建设，控制方案的模拟及仿真提供操作平台。以往的景观照明设计及建设，通常采用静态模型布置图结合专业软件进行光源计算的方式，配合现场实际照度计量及勘测，确定实施方案，利用 BIM 模型及可视化展现技术，能够对景观照明布置进行模拟及仿真计算，提高了前期设计及动态控制方案编排的效率，有利于降低设计差错率，加速景观照明项目整体建设

图 10-6 国庆 70 周年光影秀

速度。

五是通过黄浦江两岸景观照明智能化控制系统建设,将极大程度的推动先进的通信、控制、计算机等技术在景观照明控制方面的应用,产生了一批创新性科技应用成果,为工程设计、建设、运维及管理开创了新思路、新方法,并为编制规范、标准创造了良好的条件。

黄浦江景观照明集中控制系统的建设,成功实现了黄浦江两岸景观照明的大场景动态同步控制,包括外滩万国群的色温可调 LED 灯、小陆家嘴的建筑动态照明、浦江岸线光束灯,沿江各大厦的"红顶""光耀"动态 LED 灯具系统、上海中心等处的激光灯和光束灯、地标建筑媒体屏、堤岸音响、游船音响系统等,纳控的灯具及设备数量之多、类型之丰富、区域之广皆为历来之最,这也为更好展示黄浦江两岸世界一流的灯光夜景夯实了基础。依托新建的控制系统,圆满完成了 2019 年国庆 70 周年、历届进口博览会、建党 100 周年等大型光影秀展演以及城市重大活动的灯光保障任务。

第十一章

责任担当

————————————

匠人匠心，为浦江增光添彩

孙凯君 *

————————————

* 孙凯君，罗曼照明科技股份有限公司董事长、总经理，毕业于新西兰奥克兰大学，双学士学
   位，中级工程师，现任上海市市容环境卫生行业协会副会长、城市景观灯光专业委员会主任、
   上海市杨浦区政协常务委员、上海杨浦区工商业联合会（总商会）副会长、中国照明学会照明
   系统建设运营专业委员会副主任、室外照明专业委员会委员等社会职务。

"太美了""忒嗲了""美呆了"，听着市民游客对浦江夜景发自肺腑的赞美，看到"永远跟党走"灯光秀冲上热搜，成为上海软实力的体现，作为一名参与建设的照明人，一种自豪感油然而生。上海罗曼照明科技股份有限公司作为土生土长的上海公司，诞生于20世纪90年代，企业的发展与黄浦江相伴成长，见证了改革开放以来浦江两岸城市发展的传奇，见证了浦江夜景的一次次蜕变和华丽转身。回顾参与这次黄浦江景观照明集中提升改造项目的日日夜夜，罗曼人勇挑重担、攻坚克难、注重细节、精益求精、团结奋斗的一幕幕仿佛就在昨天……

01 见光不见灯

《黄浦江两岸景观照明总体方案》是一个集聚全球智慧、精打细磨的方案，要确保总体方案效果的完美实现，就需要在施工中真正落实"最高标准"。

外滩是上海的城市符号，二十多栋"万国建筑博览群"建成于20世纪初至20世纪30年代，是上海历史文化和美学价值最高的近代建筑群体，景观照明提升改造如何在实现《黄浦江两岸景观照明总体方案》明确的效果前提下，保障建筑群白天的品质与景观效果，是一项特殊的考验。凭着20多年照明工程建设的经验，罗曼人深知解决这一难题的重要性，配置两组深化设计小组，反复踏勘现场，深入研究建筑楼宇的内部和墙面结构，制定科学合理施工技术方案，在保证方案的可实施前提下，最大程度减少对建筑的外观影响。

管线隐藏方面，每栋建筑的施工方案都经过多次论证及优化，走线方向严格按照建筑结构进行外观隐藏，在确认方案后现场小范围进行样板段施工，项目组验收通过后才能铺开施工。同时所有的线槽都喷涂真石漆，所有真石漆都经过白天及夜晚两个时间段的现场比对，确保和建筑立面色彩最为接近。

灯具隐蔽性方面，在设计阶段，设计师就考虑了灯具小型化，通过减小尺寸，降低视觉影响，同时通过立杆等方式减少建筑立面灯具。在安装时，对于外滩每一栋楼的灯具外壳颜色都要跟建筑立面墙体颜色反复比对，定制加工，并喷仿真石漆。对于部分不可替代的大尺寸灯具，我们通过加装装饰罩，隐藏在外加结构中，与建筑结构有机融合。所有外露灯具均定制装饰槽，将灯具完全隐藏起来，最大程度地保护了建筑立面的完整性。

极致的细节追求成就了外滩建筑群的永恒经典，沿中山东一路漫步仰望经典建筑群，几乎看不到走线的痕迹，让建筑真正地可以阅读，经得起细品。

02 变"不可能"为"亮点"

2019 年，恰逢中华人民共和国成立 70 周年，上海计划在国庆节组织开展主题光影秀为七十华诞庆生，而陆家嘴核心视角位置的浦东美术馆尚在建设中，原计划夜景灯光与建筑施工同步，可以赶在 70 年大庆前亮灯，但由于多种原因建筑施工延期，亮灯时间无法保证，美术馆区域将在陆家嘴滨江第一立面形成大面积暗区。市有关部分组织专业团队反复商议，为弥补夜景暗区，增强七十华诞主题氛围，最后临时决定，紧贴美术馆立面临时制作巨型"70"标识，弥补暗区。而这时，距离国庆亮灯的要求只有 15 天时间，要在那么短的时间内，在事先没有预案、没有任何准备的情况下，完成一座高 28.6 米、宽 20 米的巨型灯光艺术装置的制作安装，并且必须完全符合中宣部颁布的有关标识图案、尺寸比例和色彩要求，难度不言而喻，是一项巨大的挑战，很多人认为这是"不可能"的。接到这一光荣的任务，罗曼人迎难而上，迅速组织团队开展现场勘探、方案设计，充分考虑图案标准、完

图 11-1 国庆 70 周年灯光艺术装置

美效果、安全保障等综合因素，日夜攻关 48 小时，制定了包括结构分解、现场拼装、灯箱布整体覆盖的技术方案，同步完成了结构设计、吊装流程、固定安装方案及现场施工计划。方案和计划确定后，组织精干力量，采用"三步实施""三班倒安装"的方式推进。巨型灯光艺术装置的安装，涉及焊接、吊装、高空作业等危险作业内容，施工现场合理安排安全监督与管理，施工、管理、监理"吃在现场、睡在现场"，奋战 12 个昼夜，确保在国庆前夕完成安装与效果调试，按期完成了事前大家认为"不可能"的任务。在国庆 70 周年之际，这一座灯光艺术装置，不仅是晚上浦江夜景的视觉焦点，而且白天也成了到访外滩观光的市民游客的网红打卡点。

03 人性化的换位思考

黄浦江两岸景观照明集中提升改造工程涉及楼宇众多，经营业态各异，业主需求多样。如何使工程对业主物业经营影响最小化，如何在设施改造中原有设施利用最优化？最大程度争取楼宇业主的理解、配合与支持，是确保项目顺利实施的重要环节，罗曼人在参与项目建设过程中，秉承换位思考、因地制宜的理念，在研究各个楼宇施工方案过程中，努力站在楼宇业主的视角寻找最优解决方案，力争项目综合价值最大化，得到了绝大多数业主的高度认可与支持，从而保障了罗曼承担的众多楼宇照明建设项目的顺利实施。

位于陆家嘴的中国平安金融大厦，欧式古典建筑风格与外滩经典建筑群遥相呼应，又与陆家嘴区域现代建筑风格形成鲜明对比。照明设计尊重建筑的寓意，用灯光语言显现其夜间的美感，并可以通过控制技术形成灵动的演绎模式，受到了业主单位的高度认可。一般情况下，完全可以按照简单的方式布明线装灯完成工程。但我们罗曼人站在业主的角度，追求完美的解决方案对自己提出了更高标准的要求——不能重新开槽、不能明敷管线。经现场反复测量，发现原有灯具的安装位置可以满足新的布灯要求，但灯具固定托架拆除后容易损坏，无法再利用。深化设计组就按原有安装结构尺寸，定制圆筒式托架，既匹配建筑预留孔，又能支撑固定新灯具，一举两得。

图 11-2　平安金融　密闭空间施工

在布线设计时，又遇到艰难抉择：如果重新明敷管线必然对现状有一定影响，如果从原封闭内部管廊布线，将不得不克服重重困难。首先，密闭空间作业为了防止有毒气体中毒，需要先通风再检测空气质量才能施工，有效施工时间就会减少；其次密闭空间狭小，只能挑选身材瘦小的技术工人进入施工，人员安排受到限制；三是金融机构不允许白天施工，全部夜间工作，作业时间更短。面对困难的叠加，罗曼人还是义无反顾地，选择了对自己最难但满足业主要求、呈现效果最好的解决方案。整体施工过程得到业主方充分肯定，夜间照明效果也得到了各方的高度赞赏。

04 绣花功夫

一张白纸，可以画出最新最美的图画，但在既有设施上的改造提升，不仅需要很深的功力，而且需要付出更多的心血。

假如说外滩的老建筑是上海文化的图腾，那么，外滩原先的夜景就是城市夜景的经典之作。在实施项目改造过程中，为了更好实现人们心目中外滩万国建筑群"金外滩"的视觉效果，罗曼的深化设计团队，根据不同的建筑材质其显色性和吸光性不同，即便是同样色温的灯具，在不同材质上视觉感受是完全不同的特点，对每一栋建筑的立面材质反复试灯比对，选配最优的功率、光色及配光参数组合，力求完美呈现设计师设计的灯光效果。在调试过程中，还特别开发了双色温调试软件，设计师能够在观景平台用平板设备对已编组的回路进行色温／亮度调节，找到最优视觉效果后，直接导出数值进行储存，既能最大程度实现设计师的艺术追求，又能用数据保证色彩的严格统一。

陆家嘴是黄浦江夜景的核心区，承担了黄浦江光影秀的重要演绎功能，按照厉行节约的原则，主要是借助建筑原有灯光进行同步演绎，而涉及的 45 栋楼宇建造年份横跨数十年，每栋楼宇的内透灯光、户外泛光、媒体立面及大屏等都由不同系统控制，整个陆家嘴区域灯光控制就像一片控制科技的陈列区，涵盖的控制设备和品牌型号数十种，要想统一控制，最终实现联动演绎，必须针对每一个楼宇控制设备重新单独开发接口协议和通讯设备。面对这样的一个难题，公司成立了由软件工程师和硬件工程师组成的攻关小组，对各栋楼宇进行现场开发调试。因设备年代参差不齐，技术资料缺乏，工程师大多数情况下只能凭借自己的经验进行摸索，反复测试设备响应情况，开发可靠的接口协议，再搭建合适的硬件控制设备。这一次改造，仅陆家嘴区域就定制开发专属接口协议近百种，才形成了这一区域的统一控制。花旗银行大厦的大屏，主控设备为一台老式电脑，因为没有备品备件，为保证正常播放不受影响，业主不允许动原来设备。而该型号电脑早已停产，攻关组只能从旧货市场淘来零配件，自行组装出一台老式电脑，装载 Windows95 系统，模拟原控制电脑的运行环境，运行总控软件。最后，在模拟设备上进行控制调试，完成了远程可控。

05 严守"头顶上的安全"

浦江两岸是上海高层建筑密集区，陆家嘴作为上海国际金融中心的核心功能区，是国内高层密集度最高的区域，也是人流密集度高的区域。在"两高"区域施工，安全是重中之重，任何高空坠物、哪怕是一颗小螺丝钉都可能造成不可估计的损失和灾难。面对时间紧、任务重作业难度高的情况，我们在工程实施中，从人员组织、装备优化、技术方案强化三大方面着手，保证从老灯具拆除、新灯具安装及安装后隐患杜绝全过程把控，确保头顶上的安全。

图 11-3　加装防坠链

施工安全是工程顺利实施的底线要求，也是企业的生命线，罗曼人始终坚持"以人为本，安全第一"的原则，对高空作业逐项制定详细的施工方案和施工措施，实行事前交底、全程旁站、日日晨会的保障制度，确保安全落实到位，操作动作规范；定制防火网兜，网兜由两层防火毯加工而成，网兜左、右上角各绑定一根安全绳，作业前将安全绳另一端固定在建筑结构上，作业人员再进入临边开始作业。在高层老旧灯具拆除时，现场两名作业人员一左一右配合，使用网兜将要拆除的旧灯具包住，一名作业人员实施切割作业。

灯具设施安全也是"头顶上的安全"必须关注的重点，高空或临边安装的灯具及管线，后期长期运营的安全风险较大，我们在实际施工中，采用了双保险甚至三保险安全防护措施。首先支架采用不锈钢螺栓安装，防止后期腐蚀强度降低；其次加装不锈钢防坠链，做到双保险；在特殊点位还要加装防护罩或防护网进行三重安全保险。鉴于小陆家嘴区域建筑高，地面人流、车流量大，我们施工的所有线槽，除了常规的卡槽、螺丝、结构胶固定外，全部加装不锈钢轧带，增加了一道防护线。

06 罗曼的荣光

集中提升改造后的黄浦江的夜景，再次惊艳全球，已经成为城市滨水夜景的典范、行业的标杆，每一位为此奉献过的人都会充满自豪。作为坐落在黄浦江边的本土企业，能为黄浦江景观照明提升贡献一份力量，是罗曼的责任，也是罗曼的荣光。听到市民游客的赞誉，回忆当时挑灯夜战、团结拼搏的情景，让人终生难忘。

2018年，黄浦江沿岸景观照明提升改造拉开大幕，罗曼公司同时承接了浦东段、黄浦段、杨浦段景观照明提升工程，均要求在中国国际进口博览会前完成，整体工程时间紧，任务重，工作面广，要求高。为确保按期、高质量完成项目任务，罗曼分别成立了黄浦项目组、浦东项目组、杨浦项目组，每个项目组同步配备设计深化人员、施工管理人员和安全质量管理人员，由项目负责人牵头签军令状，开展横向竞赛，以多种形式保障项目按期高质量完成。至今，项目组夜以继日讨论技术方案、浦江边披星伴月调试效果的场景仍然历历在目。

2019年，罗曼股份再次承接了浦东新区、杨浦区黄浦江二期景观照明工程等重大景观照明工程，并且都是国庆70周年和第二届进博会的重点保障项目，施工工期短、进场协调推进难、技术对接面广、整体调试要求高，加上连续的高温和台风天气影响以及业主对施工时间的限制，所有这些都为整体工程带来了极大的挑战。罗曼人以高度的政治觉悟和饱满的政治热情，连续发扬"5+2""白加黑"的拼搏精神，攻下了一个又一个难关。记得第二届进博会前夕11月2日，公司临时接到任务，因第二天有重要保障任务，要在白莲泾码头区域临时布置景观照明，而这里不在当年项目范围内，原来没有设计灯光方案。当天下午接到任务后立即组织力量，在完成现场踏勘的基础上，2个多小时完成设计与施工方案，方案经确认后，3个小时完成备料等施工准备，晚上10点进场施工，7个小时后的第二天凌晨5点，完成安装与效果调试，确保了重大活动的进行。关键时刻敢于亮剑的觉悟和担当，得到了业主单位的充分肯定。

为浦江添彩，为上海争光！罗曼人在黄浦江景观照明集中提升改造工程中，勇于担当，团结拼搏，无私奉献，得到了社会各界的肯定，罗曼股份荣获了2018年"上海市工人先锋号"、2019年"添彩杯"景观行业劳动竞赛先进集体、2020年上海市劳模集体等诸多荣誉称号。

每一份就坚持都有向往美好的初心，这座城市的美好有你我的坚持，流光溢彩的黄浦江有每个照明人的坚守。城市是一个人们生活的地方，策划好一个城市的夜间空间，创建更好的城市，改善城市的生活，并非易事。只有我们精炼专业，使城市照明可以引领更好的生活方式，让城市成为舞台，每一个市民都会被这座城市的精神所感染。虽然任重道远，但只要有人就有光！

第十二章

全新舞台

————————————

城市光影秀的艺术化呈现

谢渝熙 [*]

————————————

* 谢渝熙，上海戏剧学院硕士毕业，现任上海舞台技术研究所舞美设计制作部经理，首席设计师，同时还担任上海舞台美术学会副秘书长、中国舞台美术学会灯光专业委员会专家、上海市政府采购评审专家等社会职务，长期从事舞台灯光艺术设计，曾担任众多国家级大型文艺演出的灯光总设计，成功完成了国内外数以百计的舞台灯光设计作品。2018年起投身黄浦江主题光影秀灯光艺术创作，2019年荣获"上海工匠"称号。

近年来，"夜经济"悄然兴起，成为拉动经济的新引擎，夜游也成为大家喜闻乐见的新游玩方式。城市景观照明作为夜游经济发展的基础，迎来了量的爆发和质的飞跃。从照明、亮化到光影艺术化，城市景观照明正在重塑城市景观在夜间的形象，展示城市自身的文化。在城市景观照明发展的过程当中，除了传统的静态亮化外，还发展出了诸如光影秀等动态呈现方式。笔者长期从事戏剧舞台灯光设计，有大量的戏剧艺术作品以及国际性大型活动、国家级晚会的实践经验，近年来涉足城市景观照明，在上海黄浦江畔和苏州河边完成了一系列的城市光影秀作品。

　　舞台是一个造梦的场所，戏剧艺术家们综合运用各种表现方式和艺术创作手段来完成一台戏剧艺术作品呈现给观众。一台完整的戏剧演出仅在舞台视觉呈现方面就包括但不限于舞台设计、灯光设计、多媒体设计、服装设计、化妆设计、道具设计、特效设计等各种舞台美术设计方式。现在我们把戏剧艺术创作的理念引入到城市景观照明的创作当中，运用灯光、音乐和影像等艺术创作手段来打造城市景观。城市光影秀是戏剧艺术与城市景观的一个创新结合，产生了奇妙的化合作用。

01 戏剧舞台灯光与城市景观照明的关系

笔者认为，戏剧舞台灯光设计能在城市景观照明中进行实践，原因有两方面：一是大众审美需求的提升；二是舞台科技的进步。

第一，大众审美需求的提升。随着国家经济的发展以及旅游产业的升级，城市夜游作为城市旅游的重要产品快速发展，我国夜间经济发展规模不断扩大，同时大众的审美意识和水平也在不断提高，人们期望城市夜景艺术性的点亮，夜晚的景色更加生动形象亮丽，功能性的普通照明和简单的亮化已经不能满足大众的审美需求。

戏剧艺术是由多种形式相互融合的综合艺术，表现手段丰富多样，舞美艺术家运用各种手段来满足观众审美的需求。把舞台由剧场搬到体育场馆，有了各种大型晚会；把舞台由剧场挪到山水之间，有了各种大型实景演出；一旦把舞台放到整个城市，舞美艺术家就自然而然地与城市景观照明产生了交集，创造出了城市光影秀。作为一个有审美追求的舞台灯光设计师，需要运用舞台灯光的特性，艺术化地美化城市环境、装点人们的生活空间。

第二，舞台科技的进步。景观照明是兼有艺术装饰和美化环境功能的户外照明工程，可分为建筑景观照明、园林广场景观照明、道路景观照明等，包括庆祝盛事活动或有主题内容的一些光影秀演出形式。景观照明采用的灯具数量庞大，其控制系统尤为重要。目前，景观照明行业的简单做法是只能控制灯具的开和关，讲究一点的做法多是用视频矩阵控制的方式来做一些灯光的动态变化。用视频矩阵方式控制的优点在于简便，放一段视频素材，即时就能出现效果；缺点在于，无法迅速在现场按照设计师的要求对灯具进行点对点的编辑调整。舞台灯光调控的强大之处就在于现场的实时编辑，能够迅速根据设计师需求在现场调试各种灯光效果；同时，舞台灯光操作系统在灯光、视频、音乐同步集控方面有着完整、高效、可靠的技术解决方案。今天，先进的舞台技术手段也越来越多地运用到城市空间的景观照明项目上。科学技术的进步，促进城市景观照明艺术化发展。

02 戏剧舞台灯光与城市景观照明的差异

戏剧是由演员扮演角色在舞台上当众表演故事的一种综合艺术。在戏剧舞台上，演员的表演占据着主导的地位，包括灯光在内的所有艺术手段和形式都是为演员表演服务的。在城市光影秀中，没有演员，主要表现手段就是灯光的变化，但就单纯的灯光语汇而言，并不足以承载叙事的功能。舞台灯具具有更多的可调控属性，如颜色、图案、棱镜、光斑大小、光束空间造型等，但这些属性的效果变化也需要搭配音乐的节奏才能起到抒情达意的效果，所以，我们认为音乐是整个光影秀的灵魂。影像具有叙事的功能，如何让影像恰如其分地出现在建筑物载体之上又不显突兀，也是我们一直在尝试的表现手段（见图12-1）。

镜框式舞台台框一般只有十多米的高宽度，所有的故事都发生在这个全黑的镜框之内，实景演出、城市光影秀都是舞台演出逐步放大的过程，但又不尽相同。实

图12-1　2021年中秋苏州河樱花谷光影秀（摄影：张殿文）

景演出更像一个放大的舞台，有相对固定的观众席，观演关系比较明确，所有的景观和灯光都可以根据剧情需求来进行设计，环境的外部灯光干扰比较少，设计师能完全掌控。然而，一旦把舞台放大到城市当中，演绎的范围和规模大大拓展，比如上海外滩，那就需要以公里计算。同时，城市基础景观照明已经存在，光影秀的灯光设计师需要在城市基础照明的光环境之上做加法，因此，很多舞台上的手段和方式都需要做调整，这是舞台灯光与城市光影秀的差异所在。

艺术是相通的，特别是视觉艺术，不管是戏剧舞台灯光设计还是城市光影秀，我们其实都是在打造一幅动人的画面。绘画，我们是用画笔和颜料在画布上作画，在舞台和城市的空间里，我们是以光为笔，在空间中进行绘画，戏剧舞台艺术讲究观演关系，在设计城市光影秀时也一样，首先要分析游客聚集的主要观赏区，从他们的视角去考虑画面构图和灯光布局。这与传统的城市景观照明出发点不太一样。传统的城市景观照明更多考虑怎样把建筑物及环境呈现得完美，城市光影秀更多从观众的视角和感受，甚至融入情感和文化，用光来讲故事。相比传统景观照明的静态表现，舞台灯光设计师更多的是考虑灯光动态变化效果，或模拟自然环境光线，或宣泄情感等，如模拟日升日落在建筑结构上投射出的光影效果，形成一个流动的画面。

从戏剧舞台灯光设计到城市光影秀制作，作为戏剧舞台艺术家要注意几个难点：首先，城市高层建筑灯具的安装和舞台上装灯不同，有各种各样的施工要求，如安全系数、风载、荷载等。而且每栋楼都有不同的业主和物业，需要做大量协调和沟通工作；其次，光影秀是在一个城市区域里展示，影响力和辐射面相对大很多。因此光影秀的内容需要层层汇报，多重审批。所有的光影秀作品都是基于多轮创作、多轮修改、多轮汇报，最终才能呈现在大众面前；再次，光影秀的调试难度较大。戏剧舞台的表演区域比较小，只需找到观众席最佳位置处就能进行调试。在城市光影秀里，没有固定的观众席，观众可能从各个角度，各个方向观赏光影秀，设计师需要先分析游客容易聚集的区域，以这个地方作为主要视角进行调试。以黄浦江光影秀为例，我们要考虑到浦江两岸地面游客不同视角，以及观光游轮上和主要建筑高层观光厅视角，搬运控台到黄浦江两岸多处点位调试灯光效果，工作量是舞台灯光调试的数倍。

03 浦江光影秀概况

第一，表现形式。浦江光影秀不同于传统意义的灯光秀，其呈现手段可以分为两大类。第一类为建筑物固有照明设施的表演（包含建筑照明灯具及少量媒体立面LED显示屏等），这一部分可以理解为对舞台上布景影片的照明处理；第二类为增设的激光灯、光束灯等舞台灯光设备的表演（传统意义上的灯光秀灯具），这一部

图 12-2　舞台灯具点位图

分可以理解为对于舞台空间造型光束的处理。

浦江光影秀建立在黄浦江两岸建筑景观照明基础之上，使相互独立的城市建筑、区域地块、浦江两岸之间有了更强的联系和呼应，城市夜景的凝聚力和整体性更强。所有的这些建筑照明基础建设都要归功于 2018 年开始实施的上海市《黄浦江两岸景观照明总体方案》，它为浦江两岸打造了一个良好的灯光表演展示基础。

第二，所用设备及技术。浦江光影秀面积涉及黄浦江两岸黄浦区、浦东新区、虹口区近 3 平方公里范围（见图 12-2）。江面平均宽度约 450 米，灯具安装遍布黄浦江两岸近百栋建筑，其中既有传承百年以上的历史保护建筑，也有以世界第二高、亚洲第一高为代表的上海中心大厦等超高层摩天大楼。

整个系统涉及的设备数量超过百万台。其中既有建筑照明灯具，也有舞台演出经常使用的大功率全彩激光灯（见图 12-3）、全天候防水电脑光束灯、以及建筑媒体立面 LED 矩阵光源等。

以黄浦区外滩为例，从中山东一路的延安东路至外白渡桥段，全长 1.2 公里左

图 12-3　2019 年第二届中国国际进口博览会黄浦江光影秀（摄影：朱莉）

图 12-4　2018 年第一届中国国际进口博览会外滩光影秀——黄浦外滩（摄影：王欣）

右，共 27 幢保护建筑，共安装 19 个品种、108 款，总数 12000 余台双色温 LED 灯具（见图 12-4）。项目的难点在于，如何在这么庞大的空间里用光影来构筑画面，并且还要跨越黄浦江，统筹调配数以百万的设备，这也是设计师与技术人员需要解决的难题。

04 浦江光影秀的光效设计

第一，艺术设计思路。浦江光影秀是建筑、音乐与戏剧的跨界作品，黄浦江两岸的建筑与建筑照明是呈现的基础，音乐是整个光影秀的灵魂，戏剧舞台灯光是表现手段。都说建筑是凝固的音乐，在这个项目里，让戏剧艺术与建筑相结合的纽带正是音乐。戏剧舞台灯光设计的介入，就是把音乐旋律所表达出来的情绪，通过舞台调光手段运用照明设备的特性外化到建筑物之上，尝试运用各种灯具的特性释放建筑凝固的音乐，让建筑述说自己的故事。

具体的效果调试编程，都是基于灯光 CUE 表来完成（见图 12-5），这种工作模式完全来自戏剧舞台灯光设计。按音乐的时长和节点设计出所有灯具的效果，分点位进行编程，最后整合到一条时间码上进行播放。

第二，技术设计思路。传统建筑照明灯光都是采用常亮模式，并未引入动态调光的概念，也没有动态色温的变化。科学技术的进步使得建筑照明的调光与色温变化都有了可能，外滩建筑的所有灯具都采用 DMX512 信号进行逐一控制，与光束灯和激光灯一起纳入 GRAND-MA2 控制系统之内。一张 MA2 全尺寸灯光控制台扩展 13 台 NPU，搭建了整个灯光操作系统。为保障演出稳定安全完成，考虑到施工周期、网络条件的限制，采用 Visual Productions 的云存储系统进行编程及远程控制双重备份机制（见图 12-6）。通过电信 3 层光缆 IPRan 技术组网，将 MA 的控制信号通过 LTC 同步 Timecore 两岸、游船及市民 APP 的音频信号。网络遇阻的情况下，每个定点的 Quadcore 自动判断掉线情况，切换至本地存储的场景进行定时播放；当网络恢复时，又切换回控台的控制权，可谓是多重的安全备份。浦江两岸所有照明与音响设备全部通过中国电信城市骨干光纤网络接入到总控室之内，这为灯光、视频与音乐的信号同步打好基础。

上海黄浦江光影秀《永远跟党走》CUE表

cue	篇章	时间	音乐提示及变化点	灯光变化：光束灯 CUE	光束灯 描述	激光灯 CUE	激光灯 描述	黄埔区 CUE	黄埔区 基础灯光	浦东新区 基础灯光	虹口区 基础灯光	视频内容：黄浦视频 字符可 浦发银行	浦东视频 只要 金融信息	不适 东方明珠	不适 环球金融	不适 上海中心	字符可 上海中心	字符可 震旦	字符可 花旗	虹口视频 字符可 国际港务大厦	字符可 白玉兰广场	不适合字符 六个小胖子	效果图	无人机 画面	无人机 时间
1	第一章：开天辟地 音乐：《国际歌》《烽火岁月》1'33	0 '00	倒计时5下		全暗		全暗		纪念碑倒计时5下	LOGO倒计时5下，建筑灯光全	全暗	倒计时	全暗	全暗	全暗	全暗	全暗	倒计时	全暗	全暗	倒计时	全暗			
2		0 '12	《国际歌》				向下，面效果	1	按建成年代逐一亮起	星耀缓慢呼吸效果		历史感文字，结束数开满屏数字和文字事件	粒子色调	全暗	粒子色调	粒子色调	历史感文字，结束数开满屏数字和文字事件	历史感文字，结束数开满屏数字和文字事件	历史感文字，结束数开满屏数字和文字事件	历史感文字，结束数开满屏数字和文字事件	历史感文字，结束数开满屏数字和文字事件	粒子色调		LOGO+石库门	持续10+20秒
3		0' 26	弦乐入		向上光束渐亮		加波浪效果	2		逐渐亮起 楼宇动态效果展示（慢）		共产党宣言/新青年/五四运动	粒子色调	粒子色调	粒子色调	粒子色调	太阳	太阳/共产党宣言	太阳/新青年	太阳/五四运动	太阳/五四运动	云海			间隔51秒
4		0 '41	大提琴入（主旋律）	2	加波浪效果	4		3	整体DIM律动			五角星	粒子色调	粒子色调	粒子色调	粒子色调	太阳	石库门	石库门	石库门	石库门	云海			
5		0' 56	战争↗	2	DIM闪动	5	上下打点闪动	4	上层频闪	堤岸光束灯波浪效果 上海中心光束灯频闪 楼宇跑马灯效	楼宇跑马灯效	南昌起义	粒子色调	粒子色调	粒子色调	粒子色调	南昌起义文字	南昌起义	南昌起义	南昌起义文字	南昌起义	硝烟			
6		1 '09	大提琴入↗		史诗级左右扫动	6	向上左右线条扫动	5	由下往上生长	所有星耀爆闪 堤岸光束灯DIM变化 楼宇跑马灯效加快	所有星耀爆闪 楼宇跑马灯效加快	会师/长征/抗日/解放	粒子色调	粒子色调	粒子色调	粒子色调	会师/长征/抗日/解放	会师/长征/抗日/解放	会师/长征/抗日/解放	会师/长征/抗日/解放	会师/长征/抗日/解放	硝烟			
7	第二章：改天换地 音乐：《国歌》《红旗颂》1'24	1' 33	《国歌》		向上静止造型，红	7	向下静止造型，红	6	静止	全部静态，红顶		红旗	粒子线条	红色定格	粒子线条	粒子线条	红旗	天安门	红旗	建国	毛泽东讲话	粒子色调		天安门+没有共产党就没有新中国	持续30秒
8		1' 53	《红旗颂》	3	缓慢左右扫动，绿	8	向上圆圈造型	7	左右整体色温变化	全部静态，绿顶		雕塑	粒子线条	粒子线条	粒子线条	粒子线条	抗美援朝	抗美援朝	抗美援朝	抗美援朝	抗美援朝	粒子色调			间隔49秒
9		2' 05	→	4		9		8				宪法	粒子线条	粒子线条	粒子线条	粒子线条	宪法	宪法	宪法	宪法	宪法	粒子色调			
10		2 '18	↗4	5	加黄—绿，颜色变化	10	向下圆圈造型，左右微动	9	单栋楼梯DIM变化	单栋楼宇动态效果展示(慢) 堤岸光束灯打江面定格绿色 上海中心光束灯	单栋楼宇动态效果展示(慢)	报纸	粒子线条	粒子线条	粒子线条	粒子线条	卫星	人群	原子弹	滚动文字	原子弹	粒子色调			
11		2 '31	↗8			11		10		星耀上下缓慢跑动 顶部绿色微动 上海中心光束灯明暗节奏变化 堤岸光束灯浅蓝色静态画面	星耀上下缓慢跑动 顶部绿色微动	麦穗	粒子线条	粒子线条	粒子线条	粒子线条	卫星	麦穗	麦穗	麦穗	麦穗	粒子色调			
12		2 '37	→	6		12		11				油田	粒子线条	粒子线条	粒子线条	粒子线条	天空	油田	油田	油田	油田	粒子色调			
13		2 '43	↘		8秒停，静止绿光	13	静态画面	12	8秒变换到1800	星耀跑动速度随节奏渐缓 顶部动态停	星耀跑动速度随节奏渐缓 顶部动态停	飞机/卡车	粒子线条	粒子线条	粒子线条	粒子线条	天空	飞机/卡车	飞机/卡车	飞机/卡车	飞机/卡车	粒子色调			
14		2' 52	过渡	7		14		13		上海中心光束灯、堤岸光束灯5秒内收完	星耀停止	红旗	粒子线条	粒子线条	粒子线条	粒子线条	红旗	红旗	红旗	红旗	红旗	粒子色调		标语x2	持续23秒
15	第三章：翻天覆地 音乐：《希望的田野上》0'48	2' 57	《希望的田野上》	8	向上造型蓝白变化	15	向上蓝白十字架自转	14	色温变化	暗场（陆家嘴非核心区楼宇不暗灯）核心区楼宇按建成年代先星耀闪动，然后楼体逐渐由下往上亮起。所有楼宇顶部蓝色，堤岸星耀随节奏跑动	按建成年代楼体逐渐由下往上亮起（或先星耀闪动，然后楼宇亮起）顶部蓝色 堤岸星耀随节奏跑动	飘叶子	粒子线条	粒子线条	粒子线条	粒子线条	飘叶子	田野	田野	田野	田野	粒子色调			间隔50秒
16		3' 08	鼓点	9	向上造型DIM变化	16		15				背景/文字	粒子线条	粒子线条	粒子线条	粒子线条	勾线条，城市方格/东方明珠	勾线条，城市方格/东方明珠	勾线条，城市方格/东方明珠	背景/文字	勾线条，城市方格/东方明珠	粒子色调			
17		3' 20	小号↗8	10	史诗级左右扫动	17	向下蓝白十字架自转	16	对开拉链色温变化	加星耀呼吸效果		历史影像	粒子线条	粒子线条	粒子线条	粒子线条	港澳回归文字	港澳回归	港澳回归	港澳回归文字	logo	粒子色调			
18		3' 25	→	11		18		17				历史影像	粒子线条	粒子线条	粒子线条	粒子线条	奥运会文字	logo	奥运会	奥运会文字	奥运会	粒子色调			
19		3' 31	↗	12	波浪运动	19	加左右扫动	18		所有星耀左右跑动 楼宇动态效果展示 上海中心光束灯、堤岸光束灯动态展示	所有星耀左右跑动 楼宇动态效果展示	历史影像	粒子线条	粒子线条	粒子线条	粒子线条	世博文字	logo	世博	世博文字	世博	粒子色调			
20		3' 37	→	13		20		19				历史影像	粒子线条	粒子线条	粒子线条	粒子线条	进博文字	进博	进博	进博文字	进博	粒子色调			
21		3' 43	stop--过渡	14	渐收，2秒	21	渐收，2秒	20	渐收，2秒	定格画面，光束灯全收	定格画面	对接	粒子线条	粒子线条	粒子线条	粒子线条	火星车	高铁	蛟龙	飞机	飞机	粒子色调			
22	第四章：经天纬地 音乐：《外滩漫步》《不忘初心》2'15	3' 45	《外滩漫步》		向上橙黄光束造型		向上橙黄面效果		色温变化	楼宇整体左右跑马灯效，建筑橙顶，星耀呼吸变化															
23		4' 01	过渡		4秒到下CUE		4秒到下CUE		4秒到下CUE	建筑红顶				红色											
24		4' 05	激昂↗	15	DIM左右跑动	22	向下七彩线条	21	整体左右色温变化	楼宇动态效果展示(快)，堤岸光束灯动态展示(快)，上海中心光束灯动态展示（快）	楼宇动态效果展示(快)	彩条粒子/文字创新驱动	粒子线条	粒子线条	粒子线条	粒子线条	彩条粒子/从严治党	彩条粒子/绿水青山/民主法制	彩条粒子/一带一路/民族团结	彩条粒子/美好生活	彩条粒子/消除绝对贫困/区域协调	粒子色调		党徽红绸+永远跟党走	持续24秒
25		4' 13	→																						
26		4' 20	→		向下左右扫动		向上点，左右扫动		九级浪																
27		4' 28	→																						
28		4' 36	↗		向上左右扫动		向下方框左右扫动		整体来回DIM变化	加星耀爆闪															
29		4' 43	↗																						
30		4' 51	STOP静态画面	11	2秒STOP		2秒STOP	17	2秒STOP	灯光定格，光束灯定格	灯光定格	大山大河	粒子线条	粒子线条	粒子线条	粒子线条	大山大河(珠穆朗玛峰/长城/高速公路/)	大山大河(珠穆朗玛峰/长城/高速公路/)	大山大河(珠穆朗玛峰/长城/高速公路/)	大山大河(珠穆朗玛峰/长城/高速公路/)	大山大河(珠穆朗玛峰/长城/高速公路/)	粒子色调			间隔50秒
31		4' 53	《不忘初心》↗		大波浪		大波浪		来回拉链DIM	楼宇整体左右跑马灯效，星耀呼吸变化，堤岸光束灯波浪效果，上海中心光束灯横向转动	楼宇整体左右跑马灯效，星耀呼吸变化														
32		5' 06	→																						
33		5' 19	↗	7	W/R	14	白光线条扫描	13	UP3 9LANG	增加星耀向上跑动		立德树人	粒子线条	粒子线条	粒子线条	粒子线条	人类命运共同体/烟花	不忘初心	体育强国	中华文化	凝心铸魂	烟花		烟花	持续71秒
34		5' 32	→	8		15		14				人民城市	粒子线条	粒子线条	粒子线条	粒子线条	党徽	党徽	人民城市	人民城市	人民城市	粒子色调			
35		5' 45	REP	11	向上画面定格	16	向上线条定格	17	STOP	所有效果停止		百年华诞不忘初心/党徽	粒子线条	粒子线条	粒子线条	粒子线条	百年华诞不忘初心/党徽	百年华诞不忘初心/党徽	百年华诞不忘初心	百年华诞不忘初心	百年华诞不忘初心	粒子色调			
36		5' 52	FLASH	10	FLASH	17	FLASH	16	FAST	所有星耀爆闪，堤岸光束灯爆闪，红顶爆闪，楼宇跑马灯效加快，上海中心光	所有星耀爆闪，红顶爆闪，楼宇跑马灯效加快	定格	粒子线条	粒子线条	粒子线条	粒子线条	定格	定格	定格	定格	定格	粒子色调			
37		5' 58	定格	11	STOP	18	向下定格	17	STOP	定格画面，光束灯定格	定格画面	定格	粒子线条	粒子线条	粒子线条	粒子线条	定格	定格	定格	定格	定格	粒子色调			
38		6 '30	结束，切日常画面																						

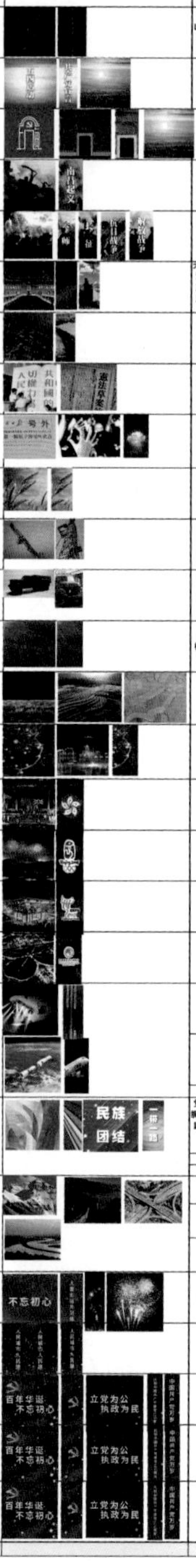

图 12-5　庆祝中国共产党成立 100 周年 2021 黄浦江主题光影秀“永远跟党走”灯光 CUE 表

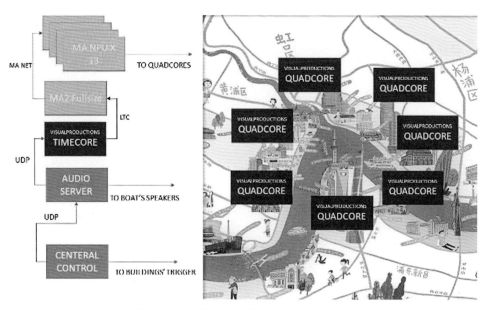

图 12-6　灯光控制系统图（安恒利国际提供）

第三，场景分析及表现手段。

（1）经典老建筑

以万国建筑博览群为代表的黄浦区外滩（见图 12-7），是上海滩十里洋场的真实写照，也是整个上海近代城市开始的起点，可以称之为上海城市百年发展的第一立面。现在外滩的建筑大多形成于 20 世纪 20 年代中晚期到 30 年代早期，最早可

图 12-7　2018 年第一届中国国际进口博览会外滩光影秀——万国建筑博览群（摄影：栾博翔）

以追溯到19世纪60年代，代表了当时世界建筑设计和施工技术的一流水准。从1882年7月26日亚洲第一盏电灯在外滩亮起，暖黄色的灯光就一直伴随着外滩的成长，作为上海标志性景观，外滩夜景享誉海内外多年。

面对这样宝贵的世界文化遗产，设计师所能做的就是保留经典暖黄色照明的元素，尝试使用灯具的明暗与色温变化来突出建筑本身的结构美感，并运用舞台调光手段控制灯具的明暗与色温动态变化，将音乐旋律的情绪与建筑物连接起来。当记忆里稳如磐石的27幢历史建筑伴随着为外滩定制的《外滩漫步》音乐曼妙起舞之时，灯光色温由1800 K ~ 3000 K逐步变化，配合调光的律动，明灭之间远看犹如一阵阵的江涛奔流而来，随着音乐节奏的加快，铺满墙壁的灯光也随之出现明暗纹理，不同的光晕从建筑上划过，把石块筑成的楼宇映照成为金碧辉煌的宫殿。不同的光线顺着建筑结构铺陈开来，不仅凸显出每幢建筑各自的风格特点，还使得夜晚的江岸染上与白天截然不同的美，从而达到远观有气势、近看有气质、细读有故事的设计理念，参观的游客和市民为之惊叹。

（2）现代建筑

浦东新区陆家嘴和虹口区北外滩的建筑风貌和黄浦区外滩截然不同。虹口区北外滩有"浦西第一高楼"，高320米的白玉兰广场。浦东新区陆家嘴有排名亚洲第一、世界第二、高度632米的上海中心大厦，高492米的上海环球金融中心，高420.5米的金茂大厦，还有一个造型前卫科幻，高468米的东方明珠广播电视塔（见图12-8）。这两个区域里的建筑基本都是近代玻璃幕墙的摩天大楼。百年前的经典老建筑与百年后的摩天大楼隔江形成对话，历史在这里交融，展示了上海的过去和现在。对于这些现代建筑的表达，选择的是100瓦全彩激光灯与470瓦全天候防水电脑光束灯，尝试利用带有科技感的空间造型光束描绘现代城市建筑，体现现代科技让城市无限生长的主题。

黄浦区外滩观景平台为游客主要聚集区域，结合画面美感对这一区域进行视线分析，确立了以东方明珠广播电视塔作为整个浦江光影秀视觉焦点这一方案。因激光光束指向性比较强，只有在一定的观察角度范围之内才能有良好的视觉呈现，综合考虑振镜扫描角度与激光功率因素，采用激光光束水平拼接的方式设置激光设

图 12-8　东方明珠广播电视塔（摄影：Six 陆）

备，东方明珠广播电视塔及上海中心大厦的激光设备覆盖外滩观景平台；浦东游客主要集中在滨江区域，光明金融大厦上的 3 台激光可以完全覆盖这一区域；另特意照顾游船视角，设置了上海海湾大厦的激光点位（见图 12-9）。

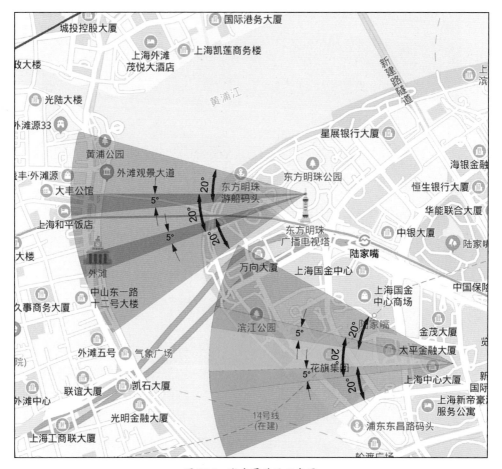

图 12-9　激光覆盖面示意图

东方明珠广播电视塔小球上方 351 米操作平台安装 2 台 100 瓦全彩激光灯，在中球 288 米处安装 3 台 100 瓦全彩激光灯，在大球上方 121 米处安装 3 台 100 瓦全彩激光灯。上海中心大厦在 580 米的 121 层设置 2 台 100 瓦全彩激光灯（见图 12-10）。

不同于镜框式舞台只有一面观众，城市空间里各个角度和不同高度都有很多观

东方明珠广播电视塔

上海中心大厦

351米--2台

288米--3台

121米--3台

121层
580米
共2台

图 12-10　激光点位图

众，只能尽量考虑观众最为集中的区域确保视觉效果，在激光亮度与光束覆盖面之间寻求一个最好的平衡点。全天候防水电脑光束灯作为点缀，散布于浦江两岸高楼之上，起渲染整体氛围的作用。

　　舞台灯光设计在城市景观照明中的运用是一个创新型的课题，把戏剧舞台灯光设计的思维带到城市景观照明之中，通过深挖文化脉络，发掘有情感的建筑，展现有温度的城市，讲好有高度的故事，通过现场观众的热情程度与舆论的持续好评，可以认为这些实践是基本成功的。

　　从 2018 年到 2022 年，黄浦江光影秀完整的呈现过 8 次，通过这一系列艺术创作实践，笔者收获了城市光影秀创作的宝贵经验。戏剧舞台灯光设计在城市景观照明中的运用，有利于提升城市的文化内涵与层次，这就要求设计师在技术和艺术的创新上能够娴熟地将创造性的艺术灵感转换为最直接有效的视觉呈现，并且能在照明和视觉设计的艺术性和技术实施之间找到平衡点。设计师一定要充分认识到在城市建筑物之上进行项目实施的难度，各种法律法规、安全规范、安装调试难度都和舞台演出有所差别。

随着大量舞台技术和手段在城市景观中的运用，景观灯光设计需要谨防光污染的出现，毕竟光束灯、激光灯等经常运用于舞台的灯光容易给城市光环境带来影响，这是我们需要特别注意的问题。可以通过三点避免或降低对环境的影响：一是控制大功率光束灯或激光灯的使用频率，做到有节制、有度。以黄浦江光影秀为例，运用的光束灯、激光灯等，不是每天都开，只有在重大的节庆日才展演；二是缩短光影秀的时长。现在的光影秀时长都比较短，基本控制在一场 5 分钟内，在节假日晚上隔半个小时一场，一个晚上大概七八场，不会是常态化演出；三是提高灯具的使用要求。做灯光调试时要注意，不能让灯光影响到城市群众的生活，比如激光灯、光束灯等灯具的光线不能打到行人能够走到的地方，不能照射到居民的窗户和游客的眼睛。目前，由于光影秀出现的时间还不长，还没相关的行业标准，全国大批量上线的光影秀项目，部分在使用时不是特别注意，造成了光污染。后期可能会从国标或行业标准方面提出要求。

衷心期待更多的舞美艺术工作者能够加入城市景观的建设中来，进行跨界的艺术实践，创造出更多优秀的作品。

第十三章

浦江漫步

光影里的叙事，时光里的漫步

罗 威 [*]

---

* 罗威：毕业于上海音乐学院，是上海著名的青年作曲家。2013年开始连载治愈系音乐日记"钢琴随笔"系列，在网络上的总收听人次超过5亿。2017年起担任中央电视台CCTV-1"等着我"栏目作曲、音乐总监，2020年中央电视台CCTV-1全新频道改版系列主题音乐作曲。2015—2017年为《英雄联盟》创作了MSI世界赛主题曲 HERO《且随疾风》《破晓》，2021新华社建党百年《你的回答》作曲，2023年成都世界大学生运动会主题曲推广曲《一个想去成都的理由》作曲，2018年作为上海黄浦江主题光影秀系列音乐作曲人，创作《外滩漫步》《流淌的辉煌》等音乐作品，同时还创作了舞剧《血色》、音乐剧《香妃》、民族交响诗《富春山居图随想》等。

2021 年，上海庆祝中国共产党建党百年——"永远跟党走"主题光影秀获得空前成功，专为光影秀创作的背景音乐——《流淌的辉煌》，用音乐作为叙事载体，回顾百年的荣光；以时代的强音与浦江绚丽的灯光共振，筑梦未来。作为背景音乐的主创者，从 2018 年创作《外滩漫步》开始，每年都为黄浦江光影秀创作主题音乐，为光影秀注入灵魂，用音乐的旋律引领观众沉浸光影艺术的体验，加深对光影变化的理解，为黄浦江璀璨的灯光增光添彩。

01 光影秀音乐，旋律依旧是主角

2018 年秋，第一届中国国际进口博览会在上海召开，国内外宾客为焕然一新的黄浦江夜景所折服，而与首届进博会同期推出的城市夜景宣传大片《上海，不夜的精彩》传播，让更多的海内外人士对上海璀璨的灯火和优美的夜景有了更深的了解。这部片子的音乐表达正面、积极的情绪，更展现了上海特有的浪漫与华彩，进而让听到音乐、看到 MV 的人找到了共鸣并心生向往。主旋律源自我的《外滩漫步》，那一曲因为黄浦江而诞生的灵感，浪漫旋律如浦江流淌，串联了夜景画面，打动了许多人。在此之前，我为这座城市写了数百首钢琴随笔，但真正拥抱城市灯光的音乐创作从此漫步。灯光宣传片美好且不脱离生活，有音乐的作用。更令人意外惊喜的是，这首音乐在文旅、演奏会等场景中都呈现了新的生命力，这也是优秀作品对创作者的反哺。

随后的日子里，这首音乐也伴随着外滩璀璨的灯光，留在了无数到访外滩的市民游客的心里。我想，对于音乐创作而言，旋律是永恒的主角。看完灯光秀，也记住了主题旋律，那才是音乐创作的成功之处。就像影视配乐的创作一样，如何在完成音乐功能性的同时，表达主题，是值得一直探究的。在这一命题下，如何在主观的情感情绪和客观需要的氛围之间找到平衡。这和上海浦江光影秀的成功是统一的：成功的光影的艺术，不仅仅只是灯光的灿烂；音乐的艺术，也不是创作技巧的炫耀。

2018 年的《上海，不夜的精彩》宣传片里，除了浪漫的《外滩漫步》，最后还有一段《梦想之约》。这是为了配合浦江光影秀而做的一次尝试。积极的、都市感的律动伴随着向上生长的旋律，令人振奋。我创作的时候，是想用音乐描绘一座梦想之城。

这种尝试也逐年在强化和升级。2019 年的"庆祝建国 70 周年浦江光影秀"里，是《外滩漫步》与红色经典《红旗颂》的融合。而第二届进口博览会时期，融合了《茉莉花》和《欢乐颂》的一段音乐诠释了传统之美和开放、乐观的城市包容感。而到了 2020 年，一曲《光耀东方》用梦幻般的电子旋律改编《茉莉花》开始，进而进入振奋、舒展，旋律描绘了一种未来和此刻的融合。

而到了 2021 年，在"永远跟党走"为主题的光影秀中，音乐不仅仅是为了"秀"，更是承载了叙述职责，所以标题定为《流淌的辉煌》，不仅仅是对红色经典的致敬，更是用音乐描绘了一幅如浦江般流淌的历史画卷。红色经典的旋律是以坚实的音乐素材基础，但是怎么组合编排恰是难点。所以如何用最适合的乐器和音域重现经典旋律，就成了改编的核心。而到了段落《在希望的田野上》之后，对原曲进行了大胆的改编，出现了一种伴随着时代的加速感。这样的改编，也避免了整个光影秀音乐里产生重复感的段落，音乐在展现旋律的同时，也保持着持续的推

图 13-1　本文作者在外滩演奏《外滩漫步》

进力。

四年来，每年在音乐风格上都有新的探索。但是总结一种旋律共性，我想是浦江给了我灵感。因为旋律是和浦江光影秀为伴，所以舒展、流淌，也是最符合这个开阔场景的，恰巧，这样的旋律，也是最容易走入人心的。我想旋律无关难易，最重要的是如何入心。

02 光影秀音乐，结构感很重要

看灯光，欣赏光影秀，绝大部分观众是视觉为先的。视觉和听觉二者中，我想对于大部分人至少视觉会占八成，更多的观众还是通过视觉去感受光影秀的震撼。所以音乐创作必须要明白，这既是独立的音乐作品，也是配乐，一定要和视觉紧密结合。同时，有主题的背景音乐对于一场有品质的光影秀来说，也是不可或缺的。如果是一场5分钟的无声光影秀，大家都难以始终保持注意力，所以这种缺憾正是音乐的"舞台"，那就是建立和强化与光影秀相匹配的音乐结构。

对于光影秀音乐的结构，除了传统的"主题—发展—主题再现"式的创作方式以外，光影秀会更讲求"秀"的概念。所以在一首音乐里，会刻意让变化层出不穷，并且要"意料之外"，于是不仅要丝滑地连接，也要在变化中不断做到对"旋律主题"的呼应。而如果在表达抒情、辉煌盛景的同时，还能兼顾叙事性的话，就能给整个光影秀的逻辑感打好坚实基础，也绝对是在视觉绚丽以外锦上添花。

我在创作中喜欢那层层堆叠的感觉，这样音乐带给观众的感受，既是重复的，又是新的。重复就能产生力量感，而保持在一种律动里，会更适合让灯光设计师找到一种律动感。所以在这几年的创作中，只要是合适的段落，总会发现音乐会快速地通过层层堆叠，把情感能量累积到一个高峰。

在2021年"永远跟党走"浦江主题光影秀的音乐创作中，我们先是从几十首经典的红色音乐里，按照时期、地域代表性进行挑选，选曲最大的默契是在《国际歌》和《义勇军进行曲》中，因为这两首音乐能反映中国共产党百年的伟大征程中的重要时期。而最难作选择的是在改革开放后的新时期，因为有大量的经典的歌曲，像《春天的故事》《走进新时代》等，它们适合演唱，适合歌唱家抒情表达，但是改编成乐器演奏后往往失去了歌曲本身的色彩。所以最后我们选曲《在希望的田野上》，一方面是旋律朗朗上口，另一方面是节奏韵律里具有律动感，符合光影秀的可改编性。编曲的时候，我在节拍和律动上做了大胆的改变，使这首歌不仅展示了田野的翠绿与希望感，更具备了一种建设城市和城市飞快发展的力度感。乐曲只在最后一段采用了《不忘初心》的合唱。

对于光影秀的音乐而言，结构一定是先行的。段落发展的可能性虽然千变万化，但是人的审美也有一定的共性，所以每个段落时长一定有它的合理区间。但是音乐家也应该从完整性上坚持自己的作品，因为音乐之所以需要原创，不仅在于我给了它一个新的旋律，更是因为合理的结构感能让这个光影秀主题音乐独特完整地完成一次叙事。在第一次交稿时，审查人员在听某个段落小样时，因为感觉产生了重复感，建议我删去。但从整个音乐作品的结构上考虑，我坚持这四个小节的重复，其实是为了强调一种情绪，并且在录音完成后，一定会通过乐器和合唱的色彩调和让层次不产生重复感。在丁勤华老师和光影秀主创团队的支持下，我对作品进行进一步完善提升，成品时最终将这四个小节保留，在光影秀展演中获得了很好的反馈。

《流淌的辉煌》开篇从童声无伴奏阿卡贝拉演唱《国际歌》开始，它象征了新生、希望，弦乐直接转调进入，既抒情，又能瞬间提升音乐的温度、力度。把红色氛围和温情瞬间渲染。随后的"烽火岁月"是我创作的一段过渡段，它是功能性的，更多是做一个衔接，初入时还加入了枪炮的音效，这也是整首音乐唯一用了音效的地方，这里感觉是在讲一场烽火故事，也让耳朵做一个缓冲。铜管和大提琴旋律的加入，是一种增加坚定感、确定感，也把事件感的音乐慢慢引向史诗感的庄重，为新中国成立这个重要段落节点作铺垫。随后《义勇军进行曲》的主题动机浮现，不断转调，最后以小号嘹亮的一句旋律作为段落的结束。随后是一段红色抒情音乐，也是上海的红色经典，吕其明老师的《红旗颂》。用大提琴娓娓道来，这既是段落上的舒缓需要，也代入了现代人回望时所产生的那种致敬情绪。随后的《在希望的田野上》一曲中展现了一种新时代的建设面貌。而《外滩漫步》也通过改编变成了一场城市的华彩，和充满希望的一场展望。而到了最后一段，才出现了全曲

图 13-2　本文作者在光影秀主题曲录制现场指挥演奏

唯一有歌词的段落，由力量之声组合演唱的《不忘初心》，把整个光影秀推上辉煌的高潮。

特别值得一提的是，我们在光影秀结束后，设计安排的音乐还会在弦乐声中延续，但因为光影秀现场人流量太大，结束时散场疏导广播和大人流的嘈杂声淹没了"余音绕梁不绝"的原创意境，留下了小小的遗憾。

所以，光影秀里，音乐的结构对于观看者而言，就是创造了一个剧本，视觉上观众可以有选择地看浦西或浦东，看大屏幕或是激光光束灯。但是从倒计时开始，音乐就营造了一个场域，对于所有人来说，都是共同的，也是完整的。

03　光影秀的音乐，要注意色彩的渲染

因为光影秀音乐是配乐作品，而光影秀的核心就是独特的色彩所带来的视觉冲击力。所以音乐创作中既要调和自我的色彩，也需要充分配合光影的变化。

最理想的灯光和音乐的创作应该是有交互的、默契的，在跨界合作中一定有一些互相影响的成分，比如一个小军鼓的节奏，或是整片的弦乐齐奏旋律一下子倾泻，都会给灯光创作者带来节奏的灵感或是层次上的思考空间。

首先应该是寻找全曲的色彩或是段落的整体色彩。就像《外滩漫步》，是配合了被外滩建筑的金色所映照的浦江，所以那是一种流动的浪漫色。所以整首曲子相对是统一的。而像《光耀东方》虽然是一片青绿的《茉莉花》，但是电子感的旋律配合着单簧管演奏旋律，形成了一种古典和未来的碰撞，所以这种绿一定是建构在浦东建筑的未来感的基础上，灯光上即使用绿色给浦东铺满了青绿，也是建立在陆家嘴金融城冷色、有些酷的基础之上。而到了具体创作的环节，在音乐中和色彩关系最大的就是配器。乐器的编排，就像灯光的编排。比如铜管（小号、圆号、长号等）就被称为乐器里的"原子弹"，因为它们能量很大，但它们独奏时，也可以非常温柔，传达一种温暖感。所以只有一个铜管组，就可以在一首乐曲中有千变万化的色彩。所以当结构确定下来，并了解大致的能量、力度分配后，要提前构思配器的层次，也就是在段落里的音乐色彩如何调配的问题。当然，还要根据实际情况和音乐的铺陈的逻辑。

　　因为我与光影秀主创团队灯光师——谢渝熙老师有数年合作产生的默契。主创团队往往会让音乐先行创作，其实这是一种比较科学的做法，像在动画电影配乐、舞剧等音乐主导节奏的作品里，我们都会这样进行。所以在初期的创作会上，我们一起研究效果图，研究段落之间的对比，从而对整体的音乐色彩定调，就显得尤为重要。甚至在创作之初，我就会告诉他们，比如《流淌的辉煌》里的童声（因为童声一出会非常抓人），视觉效果往往不需要在此太用力，适度留白会给予观众更大的想象空间。音乐的乏味往往来自重复，好的配器带来丰富的色彩，音乐就不会单调。

　　在《流淌的辉煌》里，"希望的田野上"就用了三个层次来演绎旋律，从单簧管的独奏，到圆号小号的齐奏，再到小提琴组的大齐奏。这个段落是随着弦乐断奏轻快跳跃的进入，6/8 拍带来了轻盈的律动感。在史诗感的叙述后，一段单簧管独奏的旋律会调和出特别的浅色调，也呈现出青翠感。随后，交响打击乐进入，加上铜管演奏的旋律，呈现出城市感、建设感，也对应着浦东的飞速发展。"希望的田野"不仅是表达一种自然的美好，更是一种城市在沃土生长的感觉。而小提琴组的齐奏旋律作为第三层次，把情绪铺垫到这个段落的最高点，富有时代的辉煌感。从而也推进到"外滩漫步"的旋律，大提琴协奏表达对浦江和这座城市的深情，这一小句旋律带来梦幻的畅想，有点跳出画外让人联想的用意。随后是小军鼓带来的节奏紧凑感，马上把情绪抓回时代的行进感中。弦乐断奏带来紧张度和推进感，让人感觉到层次即将一个接一个的到来。在声场的外围，电子乐塑造出一种未来的感觉，和大提琴的旋律经典感产生了对话。随后转到小提琴组旋律和男声合唱的对话，产生了人和城市的对话感。节拍也从传统的交响打击乐律动，变成了有一些电子和交响混合感的。这也是影视配乐感的处理手法，增强了音乐的现代感。最后音乐层层堆叠，推向了最高潮，也铺垫了下一个段落"不忘初心"。

因为《流淌的辉煌》是一个时代叙事性的音乐，所以最后一段很明确地让人一定有一个最高的期待点，而我所做的，就是通过不断的堆叠和对话，运用作曲的技巧让人一直拥有一种期待，直到光影秀高潮点的到来。这个过程中，不产生重复感，就是运用色彩的调和。在音乐创作里，做加法往往需要很长的空间，这次创作的难度也正是在这么短的段落里需要让某些段落抬升比较多。最后产生的效果带来

图 13-3　黄浦江光影秀丰富的色彩

了音乐上的戏剧性和惊喜。

04 光影秀音乐，必须坚持高标准制作

最后是光影秀音乐的制作环节。从音乐的分类来讲，光影秀音乐不只是简单的"秀场"音乐。因为光影秀往往和城市地标相结合，在音乐里传达出城市的底蕴和文化深度也是一个创作目标，所以我创作音乐时通常以管弦乐为主体，再去融合各种元素。虽然可能没有某些风格那么前卫时髦，但会更容易传达旋律，还有保持音乐的深度和耐听度。我们也一直坚持所有的乐器录制，重视音乐制作各个环节带来的呈现加成。

现在有很多的音乐制作，大部分是在软件里完成，这样可以极大地提升创作沟通的效率。所以通常都是在钢琴上完成旋律、结构的创作，有一些简单的手写乐谱，随后进入软件的编配，提供小样让团队聆听。修改定稿后，在光影秀调试前，录制完成成品。我们要让音乐小样尽量接近成品的70%—80%，精心制作虽然会产生一些重复劳动，却会让团队里的其他部门获得更好的感受。

《流淌的辉煌》创作录制时间表：

2020年10月，召开第一次项目创作会。

2020年12月，录制第一版音乐DEMO。

2021年1月，旋律和结构定稿（第三版音乐DEMO）。

2021年3月，编曲定稿。

2021年5月下旬，力量之声演唱《不忘初心》，于上海广播大厦录制。

2021年6月初，于北京总政录音棚完成了交响乐录制。

2021年6月中旬，旅美大提琴家千慈在纽约完成《红旗颂》《外滩漫步》独奏段落的录制。

2021年6月20日，混音师许扬完成混音，交付视频团队和光影秀团队播放。

图 13-4　黄浦江光影秀主题曲录制场景

　　《流淌的辉煌》虽然只有短短的 5 分钟，但整个创制也历时大半年，是音乐团队和录制人员一百多人共同努力的结果。

　　我认为，在制作上重视传统也与时俱进，既是为了保证音乐品质，也是上海的城市精神的一部分吧。

　　从《外滩漫步》开始，在四年里五首音乐作品和城市的光影结缘，我想音乐不仅配合了浦江光影的律动、愉悦了光影秀期间两岸的游客和云上观赏视频的观众们，更是希望把旋律化作了城市光影的有声符号。看光影秀只是短暂的，而在未来的某个时刻能听见或回忆起这些旋律，也会想起了那一刻——上海，不夜的精彩。

附录1：

黄浦江景观照明建设大事记

2016年6月7日，市委副书记、市长杨雄在调研旅游工作时提出，打造世界著名旅游城市，必须要有世界级的旅游资源，在积极引进国外一流旅游项目时，也要主动盘活用好上海既有旅游资源，打造更多新的世界级旅游项目。

2016年9月，上海市召开推进黄浦江旅游发展工作会议，决定建立由分管副市长牵头、市相关职能部门和区政府参加的推进浦江旅游工作联席会议制度抓工作落实，明确要求组织黄浦江45公里滨江沿岸景观照明设计国际方案征集工作，为打造浦江国际一流旅游品牌集聚全球创意和智慧。

2016年11月，上海市绿化和市容管理局完成黄浦江景观照明设计方案国际征集活动工作方案编制，明确了方案征集的目标、范围、设计内容要求、成果提交时间与方式等内容。

2016年12月1日，黄浦江两岸景观照明方案国际征集工作方案经由照明规划、设计、工程以及法务、审价等方面专家论证通过。

2016年12月12日，上海市绿化和市容管理局与上海国际招标有限公司签订《黄浦江两岸景观照明设计方案国际征集活动项目委托服务合同》。

2016年12月28日，上海市绿化和市容管理局发布《黄浦江两岸景观照明设计方案国际征集项目公告》，明确通过国际方案征集的方式，在全球范围内公开征集设计单位参与，为黄浦江两岸的夜景做出总体提升规划和重要节点方案设计。黄浦江两岸景观照明设计方案国际征集项目由上海市绿化和市容管理局负责实施。上海国际招标有限公司作为征集单位的代理。

截至 2017 年 1 月 15 日，收到国内外共 51 家设计单位报名。

2017 年 1 月 20 日，上海国际招标公司组织入围资格遴选评审会，根据各设计单位提交的业绩和工作设想，经两轮投票选出入围正式参加方案征集活动的 6 家设计单位（境外单位 3 家，合资单位 1 家，境内设计单位 2 家）。

2017 年 2 月 14—15 日，上海市绿化和市容管理局组织入围方案征集的设计机构考察黄浦江两岸现状（船行、岸上、制高点）。

2017 年 2 月 20 日，上海市绿化和市容管理局向入围方案征集的设计机构提供包括黄浦江两岸贯通规划和方案、上海市景观照明总体规划（报批稿）、黄浦江夜景现状文字和图片等近 10G 调研资料。

2017 年 4 月 26—27 日，上海市绿化和市容管理局组织方案征集中期成果评审，副局长鲁建平出席评审会。

为让评审专家掌握黄浦江两岸现状，更好针对黄浦江实际提出意见、建议。4 月 26 日组织了评选委员会专家白天和晚上的黄浦江实地考察；4 月 27 日评审委员会全天听取参加单位的中期汇报，提出评审意见。

中期评审全程保密，不留参赛单位任何书面或电子文件。

2017 年 4 月 27 日，市绿化市容局组织中期成果评审意见反馈会议，在统一集体反馈专家评审意见的基础上，还组织与每家设计机构单独反馈商讨完善建议。反馈意见不涉及对设计方案的评判，只提完善要求。

2017 年 5 月，经过公开招投标及评标，确定上海复旦规划建筑设计研究院有限公司中标本次国际征集活动的综合和深化工作。

2017 年 6 月 5—6 日，上海市绿化和市容管理局组织黄浦江两岸景观照明设计方案国际征集成果终审，党组书记、局长陆月星出席评审会。

6 月 5 日全天分别听取每家设计机构的方案汇报，为保证效果，汇报会会议室单独设置了小密度的 LED 屏幕和专业音响，鉴于评审委员会组成的国际化，专门配备了 2 名专业的同声翻译，会议全程录音、速记。6 月 6 日，评委主席常青院士主持评选委员会闭门会议，按照既定规则，经专家独立评分，评选出本次方案征集的名次。为更好地吸纳好点子，评审委员会专家还以独立推荐和集体讨论的方式，评选出每家设计方案的亮点，供方案综合时参考。

2017 年 8 月 29 日，上海市绿化和市容管理局党组书记、局长陆月星召开专题会，听取上海复旦规划建筑设计研究院有限公司《黄浦江两岸景观照明总体方案》汇报。

2017 年 9 月 25 日，时光辉副市长召开市政府专题会，听取《黄浦江景观照明总体方案》汇报。

2017 年 12 月 1 日，市委副书记、市长应勇召开专题会，听取《黄浦江景观照明总体方案》汇报。

2017 年 12 月 15 日，中共中央政治局委员、上海市委书记李强主持专题会，听取《黄浦江景观照明总体》方案汇报。

2018 年 2 月 5 日，市政府常务会议听取《黄浦江景观照明总体》方案汇报并审议通过。

2018 年 2 月 6 日，副市长时光辉主持召开市政府专题会，听取上海市绿化和市容管理局《黄浦江两岸景观照明总体方案实施计划》的汇报，决定成立市推进黄浦江两岸景观照明建设联席会议。

2018 年 2 月 23 日，上海市人民政府办公厅印发《上海市人民政府关于同意〈黄浦江两岸景观照明总体方案〉的批复》（沪府〔2018〕15 号）。

2018 年 3 月 1 日，黄浦江两岸景观照明建设联席会议办公室印发《关于推进黄浦江两岸景观照明建设的通知》，明确了黄浦江两岸景观照明总体方案实施计划、责任主体、主要任务和时间节点。

2018 年 4 月 16 日，黄融副秘书长主持召开市政府专题会议，研究黄浦江景观照明建设相关工作。

2018 年 4 月 25 日，时光辉副市长召开专题会，听取黄浦区关于外滩深化设计方案和市绿化市容局关于点灯仪式深化设计方案的汇报。

2018 年 4 月 27 日，上海市绿化和市容管理局规划发展处、景观管理处、市容景观事务中心专题研究黄浦江景观照明集中控制建设项目。

2018 年 5 月 3 日，上海市绿化和市容管理局党组书记、局长邓建平主持召开黄浦江景观照明建设工作专题会。听取相关区工作推进情况汇报，明确任务、要求、时间节点。

2018 年 5 月 8 日，黄浦江两岸景观照明建设联席会议办公室印发《关于加强黄浦江两岸景观照明建设质量和效果控制管理的通知》。

2018 年 5 月 17 日，上海市绿化和市容管理局副局长方岩召开黄浦江景观照明建设推进会，研究核心区建设的基本要求及任务目标。

2018 年 6 月 4 日，上海市绿化和市容管理局副局长方岩召开黄浦江两岸景观照明集中控制系统建设项目推进会。

2018 年 6 月 9 日，时光辉副市长召开专题会，听取并浦东滨江景观照明深化设计方案。

2018 年 6 月 19 日，上海市绿化和市容管理局副局长方岩召开黄浦江景观照明建设推进会，专题研究集中控制项目建设。

2018 年 6 月 22 日，时光辉副市长召开专题会，听取并研究虹口北外滩以及外滩、北外滩与陆家嘴"金三角"提升方案。

2018 年 7 月 25 日，上海市绿化和市容管理局副局长方岩召开黄浦江景观照明建设推进会。

2018 年 8 月 1 日，上海市绿化和市容管理局副局长方岩召开黄浦江景观照明建设推进会，听取相关区建设进度情况汇报，部署下阶段工作任务。

2018 年 8 月 21 日，上海市绿化和市容管理局党组书记、局长邓建平召开黄浦江景观照明建设核心区（南浦—杨浦大桥）工作推进会。听取黄浦、浦东、虹口、杨浦四个区及市交通委等责任主体工作进展情况汇报，部署下阶段工作。

2018 年 8 月 31 日，上海市绿化和市容管理局副局长方岩召开黄浦江景观照明核心区建设推进会。

2018 年 9 月 11 日，上海市绿化和市容管理局党组书记、局长邓建平召开黄浦江两岸景观照明核心区建设（南浦—杨浦大桥）推进会。

2018 年 9 月 20 日，黄融副秘书长召开专题会，研究黄浦江景观照明建设有关工作。

2018 年 9 月 21 日，时光辉副市长现场检查黄浦江两岸景观照明建设工作。

2018 年 9 月 27 日，市委副书记、市长应勇现场检查黄浦江两岸景观照明建设工作。

2018 年 10 月 3 日，时光辉副市长召开专题会，研究首届中国进口博览会灯光保障工作。

2018 年 10 月 12 日，上海市绿化和市容管理局副局长方岩召开黄浦江景观照明集中控制项目推进会。

2018 年 10 月 17 日，上海市绿化和市容管理局副局长方岩召开黄浦江景观照明建设推进会。

2018 年 10 月 17 日，时光辉副市长现场检查黄浦江两岸景观照明建设工作。

2018 年 10 月 19 日，时光辉副市长召开专题会，研究黄浦江两岸景观照明建设工作。

2018 年 10 月 20 日，上海市绿化和市容管理局召开黄浦江景观照明推进会，部署核心区标志性建筑景观照明联动调试工作。

2018 年 10 月 21 日，黄浦江核心区标志性建筑景观照明联动调试演练。

2018 年 10 月 24 日，上海市绿化和市容管理局党组书记、局长邓建平召开黄浦江景观照明建设推进会。

2018 年 10 月 24 日，中共中央政治局委员、市委书记李强，市委副书记、市长应勇等领导检查黄浦江景观照明一期建设成果。

2018 年 10 月 26 日，上海市绿化和市容管理局召开黄浦江两岸景观照明建设情况媒体通气会。

2018 年 11 月 3 日，上海市绿化和市容管理局召开第一届中国国际进口博览会黄浦江景观照明保障工作会议，部署保障任务。

2018 年 12 月 21 日，市委副秘书长、市政府副秘书长赵琦主持召开专题会，研究部署元旦迎新黄浦江开灯相关工作。

2019 年 3 月 5 日，黄浦江两岸景观照明建设联席会议办公室印发《黄浦江两岸景观照明总体方案 2019 年实施计划的通知》，明确 2019 年工作目标、内容、时间节点及工作要求。

2019 年 5 月 10 日，市委常委、常务副市长陈寅主持市政府主题会，专题研究和推进黄浦江两岸景观照明建设工作。

2019 年 7 月 25 日，黄融副秘书长主持召开市政府专题会，听取黄浦江景观照明建设工作汇报，提出工作要求。

2019 年 7 月 29 日，市政府召开"双迎"市容环境保障暨精细化管理工作会议，市委常委、常务副市长陈寅在讲话中要求各区按照计划抓紧推进黄浦江景观照明建设。

2019 年 8 月 22 日，上海市绿化和市容管理局党组书记、局长邓建平主持召开专题会，听取"上海庆祝中华人民共和国成立 70 周年浦江光影秀""第二届中国国际进口博览会浦江光影秀"方案编制工作的汇报。

2019 年 8 月 28 日，市委常委、常务副市长陈寅主持召开市政府专题会，听取上海市绿化和市容管理局关于"上海庆祝中华人民共和国成立 70 周年浦江光影秀""第二届中国国际进口博览会浦江光影秀"方案的汇报。

2019年9月18日上午，市政府常务会议听取上海市绿化和市容管理局关于"上海庆祝中华人民共和国成立70周年浦江光影秀""第二届中国国际进口博览会浦江光影秀"方案的汇报，并原则同意。

2019年9月18日下午，市委常委会听取上海市绿化和市容管理局关于"上海庆祝中华人民共和国成立70周年浦江光影秀""第二届中国国际进口博览会浦江光影秀"方案的汇报，并原则同意。

2019年9月21日，市黄浦江景观照明建设联席会议办公室组织专家检查浦江两岸景观照明建设情况。

2019年9月26日晚，在沪出席国际灯光城市协会年会的来自全球32个国家与地区的300余名代表考察黄浦江夜景，观看黄浦江光影秀。

2019年9月27日晚，中共中央政治局委员、上海市委书记李强，上海市委副书记、市长应勇，上海市人大常委会主任殷一璀，上海市政协主席董云虎等领导检查黄浦江景观照明建设工作。

2019年9月30日晚，市委副书记、市长应勇，副市长汤志平等领导检查"上海庆祝中华人民共和国成立70周年浦江光影秀"筹备工作。

2019年9月30日晚，中央电视台综合频道黄金档直播"上海庆祝中华人民共和国成立70周年浦江光影秀"。

2019年9月30日至10月6日，每晚6点30至10点30分，以"浦江追梦，光耀中华"为主题的"庆祝中华人民共和国成立70周年浦江光影秀"在黄浦江畔展演，每晚展演9场，每半小时展演一次。据不完全统计，整个国庆期间，在浦江两岸现场及乘坐游船观赏光影秀的市民游客超过300万，通过上海本地电视和央视直播及其他新媒体观赏光影秀的观众过亿。

2019年10月23日，副市长汤志平召开市政府专题会，听取"第二届中国国际进口博览会浦江光影秀"方案编制情况汇报。

2019年10月30日晚，副市长汤志平现场检查"第二届中国国际进口博览会浦江光影秀"筹备工作。

2019年11月4日晚，黄浦江展演进博会主题光影秀，欢迎第二届进口博览会的海内外贵宾。

2019年11月5日至11月10日，每晚6点至10点，"第二届中国国际进口博览会浦江光影秀"在黄浦江畔展演，每半小时展演一次。

2019 年 11 月 5 日晚，黄浦江畔上海中心、东方明珠等标志建筑配合外事活动作主题灯光展演。

2019 年 11 月 10 日晚，市委副书记、市长应勇，副市长汤志平等领导检查黄浦江夜景与光影秀展演工作，并慰问在上海市景观照明集中控制中心值守工作人员。

2020 年 1 月 13 日，上海市绿化和市容管理局党组书记、局长邓建平同志听取黄浦江光影秀设施固化方案编制工作汇报。

2020 年 2 月 28 日，黄浦江两岸景观照明建设联席会议办公室下发《关于落实〈黄浦江两岸景观照明总体方案〉2020 年实施计划的通知》，明确 2020 年工作目标、内容、时间节点及工作要求。

2020 年 3 月 3 日，上海市绿化和市容管理局召开工作会议，明确组建工作团队，启动"庆祝建党 100 周年灯光系列活动"总体方案前期研究。

2020 年 3 月 23 日，汤志平副市长听取黄浦江光影秀设施固化方案汇报。

2020 年 9 月 22 日，黄浦江光影秀固化设施全部安装完毕，并进入调试阶段。

2020 年 9 月 30 日至 10 月 7 日，每晚 18:30—22:30 每逢整点和半点，"庆祝中华人民共和国成立 71 周年主题光影秀"在黄浦江畔展演。

2020 年 11 月 4 日至 11 月 10 日，每晚 18:30—21:30 每逢整点和半点，"第三届中国国际进口博览会浦江光影秀"在黄浦江畔展演，其中 11 月 4 日晚增加 22:00、22:30 两场。

2020 年 11 月 11 日至 12 日，"庆祝浦东开发开放 30 周年主题光影秀"在黄浦江畔成功演绎。

2020 年 12 月 31 日至 1 月 2 日晚，黄浦江迎新主题光影秀每逢整点及半点（每晚 18:30—21:30，共 7 场）各展演一次，其中 12 月 31 日晚增加 22:00、22:30、23:00、23:30、24:00 共五场，与两岸市民游客共迎 2021 年元旦新年。

2021 年 2 月 4 日，上海市绿化和市容管理局召开庆祝建党 100 周年黄浦江主题光影秀方案讨论会。

2021 年 3 月 2 日，上海市绿化和市容管理局二级巡视员缪均同志听取"庆祝建党 100 周年灯光系列活动"总体方案汇报。

2021 年 3 月 10 日，上海市绿化和市容管理局党组书记、局长邓建平同志主持专题会，听取"庆祝建党 100 周年灯光系列活动"总体方案汇报。

2021 年 3 月 30 日，上海市绿化和市容管理局邀请市委宣传部相关负责同志共商本市"庆祝建党 100 周年灯光系列活动"总体方案。

2021 年 4 月 20 日，中共上海市委常委、宣传部部长周慧琳、副市长汤志平召开专题会，听取"庆祝建党 100 周年灯光系列活动"总体方案汇报。

2021 年 4 月 30 日，上海市绿化和市容管理局邀请部分党史专家审查庆祝建党百年灯光系列活动展示内容。

2021 年 5 月 7 日，上海市绿化和市容管理局二级巡视员缪均主持召开"庆祝建党 100 周年黄浦江光影秀"推进会。

2021 年 5 月 21 日和 5 月 27 日，上海市绿化和市容管理局召开"迎建党 100 周年黄浦江主题光影秀"LOGO 设置专项推进会，明确工作任务及技术要求，明确用电、通信、现场管理、安保等工作措施。

2021 年 6 月 1 日，上海市绿化和市容管理局与上海海事局商议保障庆祝建党百年"永远跟党走"黄浦江主题光影秀展演期间航道安全方案。

2021 年 6 月 3 日，上海市绿化和市容管理局与浦江游览集团公司商定游船参与庆祝建党百年"永远跟党走"黄浦江主题光影秀展演。

2021 年 6 月 11 日，庆祝建党百年"永远跟党走"黄浦江光影秀主题 LOGO 落成并调试完成。主题 LOGO 以中宣部颁布的中国共产党成立 100 周年庆祝活动标识为标准，整体高度为 20.21 米，宽度为 30 米，自重 60 吨，为国内首创的庆祝建党百年华诞巨型灯光艺术标识。通过设置带有 IC 芯片的 LED 光源，采用 DMX512 联动控制技术，可以实现整体发光、亮度明暗渐变和光芒闪烁的灯光艺术效果。

2021 年 6 月 22 日晚，中央电视台新闻频道直播了上海庆祝建党百年"永远跟党走"黄浦江主题光影秀。

2021 年 6 月 22 日晚，上海市绿化和市容管理局联合上海文广集团发布建党百年"永远跟党走"黄浦江主题光影秀官宣版视频，迅速刷爆朋友圈，24 小时热搜排名第一，被媒体誉为史诗级的光影巨献。至 2021 年底，视频浏览量突破 6 亿人次。

2021 年 6 月 30 日至 7 月 4 日，建党百年"永远跟党走"黄浦江主题光影秀每晚逢整点及半点（19:30 至 22:30）各展演一次。浦江两岸及游船现场观赏人流观众近 500 万，成为全国范围传播面最广、影响力最大的庆祝中国共产党成立 100 周年主题灯光活动。

附录 2：

上海市景观照明管理办法

（2019 年 11 月 21 日上海市人民政府令第 25 号公布）

第一条（目的和依据）

为了规范本市景观照明管理，改善城市夜间景观，展示城市历史文化风貌，根据《上海市市容环境卫生管理条例》和其他有关法律、法规的规定，结合本市实际，制定本办法。

第二条（适用范围）

本市行政区域内景观照明的规划、建设、运行、维护及其相关监督管理活动，适用本办法。

第三条（定义）

本办法所称景观照明，是指利用建（构）筑物以及广场、公园、公共绿化等设置的，以装饰和造景为目的的户外人工光照。

第四条（管理原则）

本市景观照明管理，遵循统筹规划、政府引导、社会参与、分类管理的原则。

第五条（管理部门）

市绿化市容部门是本市景观照明的行政主管部门，负责全市景观照明的指导协调工作；区绿化市容部门负责所辖区域内景观照明的具体组织推进和监督管理工作。

发展改革、财政、规划资源、住房城乡建设、商务、交通、生态环境、文化旅游、房屋管理和城管执法等部门按照各自职责，协同实施本办法。

第六条（节约能源要求）

景观照明应当符合国家和本市有关节约能源的规定，合理选择照明方式，采用高效节能的灯具和先进的灯控方式；有条件的，应当采用太阳能等可再生能源。禁止使用国家明令淘汰的、不符合能耗标准的景观照明产品和设备。

鼓励高等院校、科研机构等单位开展相关科学研究和技术开发，推广节能、环保的景观照明新技术、新材料、新工艺、新设备、新产品。

第七条（景观照明规划）

市绿化市容部门应当会同市规划资源、住房城乡建设、交通、商务等部门，根据本市经济社会发展水平，结合城市风貌、格局和区域功能，组织编制本市景观照明规划，并报市人民政府批准。

景观照明规划应当划定景观照明设置的核心区域、重要区域、重要单体建（构）筑物以及禁设区域。

第八条（规划实施方案）

市绿化市容部门应当会同市规划资源、住房城乡建设、交通、商务等部门，组织编制景观照明核心区域以及重要单体建（构）筑物的规划实施方案，报市人民政府批准后实施。

区绿化市容部门应当会同区规划资源、住房城乡建设、交通、商务等部门，组织编制本辖区范围内景观照明重要区域以及重要单体建（构）筑物的规划实施方案，经区人民政府批准后，报市绿化市容部门备案。

规划实施方案应当确定景观照明设置的具体建（构）筑物以及公共场所，并明确相应的照明形式、色彩和效果等要求。

第九条（技术规范）

市绿化市容部门应当会同相关部门根据国家和本市有关城市容貌、规划、环保等方面的规范和标准，组织编制景观照明的技术规范（以下简称"技术规范"）。

技术规范应当明确景观照明禁止设置情形、电气安全、亮度限值、照度限值、内透光照明等内容。

第十条（公示和征求意见）

景观照明规划、规划实施方案和技术规范编制过程中，组织编制机关应当征求专业单位和专家的意见。

景观照明规划、规划实施方案报送批准前，组织编制机关应当将景观照明规划和规划实施方案的草案予以公示，征求相关单位和公众意见。

组织编制机关应当将经批准的景观照明规划、规划实施方案和技术规范，向社会公布。

第十一条（设置要求）

核心区域、重要区域内的建（构）筑物、公共场所，以及重要单体建（构）筑物的产权人、使用权人或者经营管理单位（以下统称"设置者"），应当按照规划实施方案和技术规范设置景观照明。

禁设区域内，禁止设置景观照明。

其他区域内设置景观照明的，应当符合技术规范的要求。

核心区域、重要区域、重要单体建（构）筑物以及其他区域设置景观照明的，应当同时符合文物保护单位、历史风貌区和优秀历史建筑的保护管理要求。

第十二条（土地供应要求）

按照规划实施方案，核心区域、重要区域内应当设置景观照明的，景观照明设置要求纳入建设用地规划条件或者建设用地使用权出让合同。

第十三条（新改扩建要求）

按照规划实施方案，核心区域、重要区域内应当设置景观照明的建（构）筑物、公共场所，以及重要单体建（构）筑物进行新建、改建、扩建的，建设单位应当按照景观照明设置要求，同步设计景观照明。

其他区域内设置景观照明的，市或者区规划资源部门在审核建设工程设计方案时，应当就景观照明是否符合规定，征求市或者区绿化市容部门的意见。

第十四条（既有设施增设要求）

按照规划实施方案，核心区域、重要区域内既有建（构）筑物、公共场所，以及重要单体建（构）筑物应当设置景观照明的，设置者予以配合。

区绿化市容部门应当与设置者协商形成景观照明增设方案；区人民政府予以适当支持。

第十五条（集中控制）

市和区绿化市容部门应当分别建立市级、区级景观照明集中控制系统。核心区域、重要区域内以及在重要单体建（构）筑物上设置的景观照明，应当分别纳入市级、区级景观照明集中控制系统。

景观照明集中控制系统对所纳入的景观照明的开启关闭、照明模式、整体效果等实行统一控制。重大活动期间，区级景观照明集中控制系统应当遵守市绿化市容部门的控制要求。

第十六条（运行和维护）

设置者应当承担景观照明的日常运行和维护责任，保持景观照明整洁完好和正常运行；发现景观照明损坏、灯光或者图案等显示不全影响效果以及超过设计使用年限的，应当及时予以修复、更换。

设置者可以将景观照明移交相关单位负责日常运行和维护。

市、区绿化市容部门可以会同同级发展改革、财政等有关部门制定政策，对核心区域、重要区域内以及重要单体建（构）筑物的景观照明运行和维护予以支持。

第十七条（安全管理）

设置者应当加强景观照明的安全检查和检测，确保景观照明运行安全。

景观照明及其安装固定件应当具备防止脱落、倾倒的安全防护措施；人员能触及的景观照明应当具备必要的隔离保护措施。

市、区绿化市容部门应当加强景观照明集中控制系统的网络安全管理，防止集中控制系统被非法入侵、篡改数据或者非法利用。

第十八条（禁止擅自发布广告）

禁止利用景观照明擅自发布户外广告。对违法利用景观照明发布户外广告的，由有关部门按照户外广告有关法律、法规、规章的规定，作出责令改正、罚款、强制拆除等处理。

第十九条（监督检查）

市、区绿化市容和城管执法等部门应当按照各自职责，对景观照明的建设、运行、维护等情况实施监督检查。

景观照明的日常运行、维护情况，应当纳入城市网格化管理范围。

第二十条（投诉和举报）

任何单位和个人发现有违反本办法规定行为的，可以向绿化市容部门、城管执法部门或者其他有关部门投诉或者举报。有关部门接到投诉和举报后，应当根据职责及时处理，并将处理结果予以反馈。

第二十一条（指引性规定）

对违反本办法规定的行为，有关法律、法规、规章已有处罚规定的，从其规定。

第二十二条（对未纳入集控的处罚）

违反本办法第十五条第一款规定，景观照明未纳入市级或者区级景观照明集中控制系统的，由城管执法部门责令限期改正；逾期不改正的，处 1 万元以上 5 万元以下的罚款。

第二十三条（施行日期）

本办法自 2020 年 1 月 1 日起施行。

附录 3：

上海市景观照明总体规划

一、总则

1.1 规划目标

通过控制总量、优化存量、适度发展，进一步提升上海市景观照明品质，展现城市形象，建成具有中国特色、世界领先的城市夜景。

1.2 规划范围与对象

本规划范围为上海市行政区范围。

本次规划对象为市域范围内的建筑、广场、公园、公共绿地、名胜古迹以及其他建（构）筑物通过人工光以装饰和户外造景为目的的照明。

1.3 规划年限

本规划期限自 2017 年至 2040 年。

1.4 规划依据

《上海市市容环境卫生管理条例》（2009 年 2 月 24 日上海市人民代表大会常务委员会发布）

《上海市城乡规划条例》（2010 年 11 月 11 日上海市人民代表大会常务委员会发布）

《城市照明管理规定》（2010 年 5 月 27 日住房和城乡建设部令第 4 号）

《上海市城市总体规划》（1999—2020 年）

《上海市城市总体规划（2015—2040）纲要》

《城市夜景照明设计规范》(JGJ/T163-2008)

《城市照明节能评价标准》(JGJ/T307-2013)

《上海市城市环境装饰照明规范》(DB31/T316-2012)

《城市道路照明设计标准》(CJJ45-2015)

《民用建筑设计通则》(GB50352-2005)

《上海市主体功能区规划》(2013)

1.5 规划原则

1.5.1 特色原则

景观照明应符合上海城市历史底蕴,彰显传承古今、融汇中西的海派文化理念,突出城市特点,塑造与上海城市文化内涵相适应的城市夜景品牌。

1.5.2 整体协调原则

景观照明布局符合上海城市规划要求,从上海城市空间的整体统筹,打破行政分区的概念,凸现整体形象。景观照明定位与建成国际经济、金融、贸易、航运、科技创新中心和国际文化大都市的发展相协调,与区域功能、经济、环境、文化氛围、载体特征相适应,与后续发展相适应。

1.5.3 创新发展原则

通过科技创新、设计创意、智能控制,建设上海科技含量高、具有独创性的城市夜景。

1.5.4 节能环保原则

控制景观照明总量,优化存量,适度发展,采用适宜的照度、色温,实现中心城区景观照明能耗零增长;推广应用高效节能的光源灯具和智能控制系统,避免光污染。

1.5.5 以人为本原则

加强景观照明规划、设计、建设、控制和管理,为市民营造安全舒适的夜间生活环境,丰富人民群众休闲、娱乐文化生活。

1.6 规划地位

本规划是指导本市景观照明发展的纲领性文件,是编制区域景观照明规划以及实施景观照明建设和管理的基本依据。

本规划解释权归上海市绿化和市容管理局。

二、规划布局及控制要求

2.1 城市景观照明总体布局

"一城多星,三带多点"。

上海市行政辖区的景观照明布局为"一城多星","一城"指外环线以内的中心城区，是上海景观照明的主要集中区域，"多星"指外环线以外的现代化新城和新市镇。

上海中心城区内的景观照明布局为"三带多点"，"三带"指黄浦江两岸（从吴淞口至徐浦大桥段）、延安高架道路—世纪大道沿线（从外环线至浦东世纪公园）、苏州河两岸（从外环至外滩），"多点"指中心城区内的城市副中心、主要商业街（圈、区）、重要的交通文化体育设施、主要道路、公共空间等重要节点。

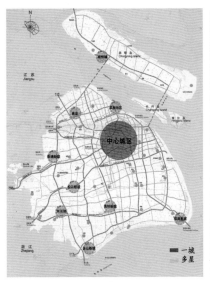
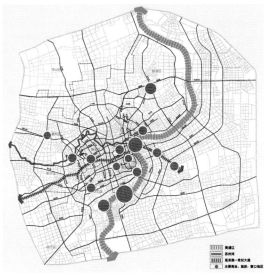

2.2 区域、节点分级规划

核心区域		外滩、小陆家嘴地区
重要区域	区域	黄浦江两岸、延安高架道路—世纪大道沿线、苏州河两岸；人民广场地区、世博会地区、国际旅游度假区
	道路	南京东路、南京西路、四川北路、淮海中路、西藏中路
	节点	徐家汇地区、五角场地区、花木地区、真如地区、金桥地区、张江地区；豫园地区、静安寺地区、小陆家嘴—张杨路商业中心地区、中山公园地区、虹桥商务区商业中心地区、大宁商业中心地区、中环（真北）商业中心地区、新天地地区；虹桥交通枢纽地区、浦东机场地区、上海火车站地区、上海南站地区，上海西站地区，吴淞口国际游轮港地区
发展区域		重要新城（市镇）：淞宝地区、宝山滨江发展带、莘庄城区、嘉定新城核心区、嘉定中心城区（含州桥景区）、青浦新城、松江新城、南汇新城、金山新城、南桥新城、城桥镇、临港新城、川沙新城等
一般区域		全市范围内除核心区域、重要区域、发展区域和禁设区域以外的区域
禁设区域		国家及地方法律法规明确规定不得设置景观照明的区域

2.3 亮度分级控制规划

区　　域	亮度上限值（cd/m²）	备　　注
核心区域	20—35	每个区域确定若干个视觉焦点，其亮度为本区域最高，区域内其他点的亮度不得超过视觉焦点的亮度，使区域景观照明亮度既有变化又整体和谐
重要区域	15—23	
发展区域	13—23	
一般区域	10	
禁设区域	0	

2.4 色温控制规划

色　　温	区域（节点）	备　　注
中低色温为主（1900 K—3300 K）	外滩、苏州河两岸、豫园地区、新天地地区、南外滩	发展区域根据区域内的节点功能定位和建筑类型，参照核心区域和重点区域确定色温控制范围
中间色温为主（3300 K—5300 K）	人民广场、世博会地区、国际旅游度假区；徐家汇地区、五角场地区、花木地区、真如地区、金桥地区、张江地区；南京东路、南京西路、淮海中路、四川北路、西藏中路；北外滩、东外滩、中山公园地区、豫园地区、静安寺地区、小陆家嘴—张杨路商业中心地区、虹桥交通枢纽地区、吴淞口国际游轮港地区、虹桥商务区商业中心地区、大宁商业中心地区、中环（真北）商业中心地区	
中高色温为主（5300 K以上）	小陆家嘴、延安高架道路—世纪大道沿线、浦东机场地区、上海火车站地区、上海南站地区、上海西站地区；徐汇滨江	

2.5 彩光照明控制规划

级　别	区域（节点）	备　　注
彩光严控区	外滩、黄浦江两岸、苏州河两岸、延安高架道路—世纪大道沿线、人民广场区域	景观照明不宜使用彩光
彩光控制区	世博会地区、国际旅游度假区、小陆家嘴、徐家汇地区、五角场地区、花木地区、真如地区、金桥地区、张江地区、豫园地区、静安寺地区、小陆家嘴—张杨路商业中心地区、中山公园地区、虹桥商务区商业中心地区、大宁商业中心地区、中环（真北）商业中心地区、新天地地区；南京东路、南京西路、淮海中路、四川北路、西藏中路、虹桥交通枢纽地区、吴淞口国际游轮港地区、浦东机场地区、上海火车站地区、上海南站地区、上海西站地区；淞宝地区、宝山滨江发展带、莘庄城区、嘉定新城核心、嘉定中心城区（含州桥景区）、青浦新城、松江新城、南汇新城、金山新城、南桥新城、城桥镇、临港新城、川沙新城等重要新城、新市镇	可适当使用彩光以烘托氛围，彩光不宜使用饱和色；重要新城、新市镇等区域内的政府办公、历史名胜古迹、风貌保护建筑等节点应参照彩光严控区的限制要求
彩光禁止区	住宅、学校、医院等区域	禁止使用彩光

2.6 动态照明控制规划

级　别	区域（节点）	备　注
动态光严控区	外滩、黄浦江两岸、苏州河两岸、延安高架道路—世纪大道沿线、人民广场区域、世博会地区、国际旅游度假区（主题乐园以外）；虹桥交通枢纽地区、浦东机场地区	一般情况下不使用动态光；节假日、重大活动期间可以适度进行不同照明模式间的缓慢切换
动态光控制区	小陆家嘴、徐家汇地区、五角场地区、花木地区、真如地区、金桥地区、张江地区、豫园地区、静安寺地区、小陆家嘴—张杨路商业中心地区、中山公园地区、虹桥商务区商业中心地区、大宁商业中心地区、中环（真北）商业中心地区、新天地地区；南京东路、南京西路、淮海中路、四川北路、西藏中路；吴淞口国际游轮港地区、上海火车站地区、上海南站地区、上海西站地区；淞宝地区、宝山滨江发展带、莘庄城区、嘉定新城核心区、嘉定中心城区（含州桥景区）、青浦新城、松江新城、南汇新城、金山新城、南桥新城、城桥镇、临港新城、川沙新城等重要新城（镇）	可适度使用动态灯光，或在平日进行不同照明模式的切换
动态光禁止区	住宅、学校、医院等区域	禁止使用动态光

三、景观照明管理通则

3.1 禁止性要求

3.1.1 禁止使用与交通、航运等标识信号灯易造成视觉上混淆的景观照明设施。

3.1.2 禁止设置容易对机动车、非机动车驾驶员和行人产生眩光干扰的景观照明设施。

3.1.3 禁止设置直接射向住宅、学校、医院方向的投光、激光等景观照明设施（经批准的临时性重大节庆活动除外）。

3.1.4 禁止使用严重影响植物生长的景观照明设施。

3.1.5 禁止设置影响园林、古建筑等自然和历史文化遗产保护的景观照明设施。

3.1.6 禁止在国家公园、自然保护区、天文台所在地区设置景观照明设施。

3.1.7 禁止使用高能耗探照灯等景观照明设施（经批准的临时性重大节庆活动除外）。

3.1.8 禁止在市、区人民政府确定的禁设区域或载体上设置景观照明设施。

3.1.9 禁止利用景观照明设施发布广告（经批准的临时性重大节庆活动除外）。

3.2 控制性要求

3.2.1 景观照明光色应与所在区域的环境相协调，严格控制彩光的使用。

3.2.2 建筑立面照明不宜使用大面积（大于单侧立面连续 40% 面积）的像素化照明手法。

3.2.3 景观照明设施应隐蔽，或表面色彩与所处建筑立面颜色统一；外露灯具外观应符合建筑风格。

3.2.4 对于景观照明的技术创新、艺术创意等，应在合适的区域，通过试点、试验、实践验证才能规模建设。

3.2.5 景观照明平均亮度不应超过区域规划要求。

3.2.6 景观照明需设置多种亮灯模式：核心区域应设置常态、节假日及深夜三种照明模式，其它区域和节点应设置常态和节假两种照明模式，常态模式能耗不宜高于全开启模式能耗的 70%。

3.2.7 景观照明灯具效率不可低于 75%，LED 灯具效能应大于 60 lm/W，功率因数不可低于 90%。

3.2.8 智慧照明要求：

在核心区域、重要区域景观照明由市区两级控制中心在计算机网络全覆盖的控制基础上，通过通信技术，实现人、空间、照明设备之间的互联，满足资源优化分配和丰富夜景体验。

综合照明设备的照明、信息发布等多种功能，提升服务的多样性；发展互动智能照明、增加民众的参与感。

3.3 一般区域限制要求（核心区域、重要区域、发展区域不受本条限制）

3.3.1 单体建构筑物景观照明平均亮度最高不应超过 10 cd/m^2。

3.3.2 单体建构筑物景观照明的单位面积能耗及照明功率密度不应大于 6.7 W/m^2。

3.3.3 严格控制使用动态、彩色照明方式。

3.3.4 不应采用多幢建筑物联动变化的照明方式。

四、规划控制导则

景观照明根据载体的性质、特点、材质的差异，对照明方式、色温、彩光和动态光等要素进行控制。

类　型		基本定位	照　明　方　式	色温控制	彩光动态光控制
现代建筑	办公建筑	适当照明	金属铝板立面宜中高色温、投光为主，楼梯间可以采取自然的内透光。石材立面宜中低色温、投光为主。玻璃幕墙立面宜内透光为主，单一光色为宜	中高色温	不宜动态不宜彩光

类 型		基本定位	照 明 方 式	色温控制	彩光动态光控制
现代建筑	商业建筑	建议照明	商业部分采用内透光结合外部照明方式，可采用 LED 照明营造氛围	依据建筑风格选择色温	适度动态适度彩光
	文化建筑	适当照明	根据建筑特色、功能，采用多种照明方式，不宜使用饱和色	依据建筑风格选择色温	适度动态适度彩光
	综合建筑	适当照明	玻璃幕墙立面可采用内透光方式或突出幕墙框架的方式。重点表现顶部特征。石材立面宜采用投光照明方式。金属铝板立面注重表现建筑形态的细节	依据形态风格选择色温，玻璃幕墙建筑多以中高色温为主	不宜动态控制彩光
	教育建筑	适当照明	采用投光照明、内透光照明	一般采用中高色温；欧式风格的教育建筑宜采用中低色温	不宜动态不宜彩光
	科研建筑	适当照明	宜采用自然内透结合外部投光	中高色温	不宜动态不宜彩光
	体育建筑	建议照明	无赛事时采用整体投光或局部投光的方式；有赛事时配合不同赛事主题设置不同模式或光色	依据建筑理念风格选择色温	适度动态适度彩光
	医疗建筑	严格控制照明	建筑出入口及标识应适当突出	中高色温	禁止动态禁止彩光
	交通建筑	建议照明	宜采用整体投光或局部投光结合内透光的形式表现机场、港口要严格控制溢散光	中高色温	不宜动态控制彩光
	纪念建筑	建议照明	宜采用投光的照明方式	依据形态风格选择色温	不宜动态控制彩光
	园林建筑	开放夜间旅游的建议照明	根据建筑特点采用相应照明方式	多种色温	不宜动态适度彩光
	住宅建筑	严格控制照明	可适当采用顶部、楼道等部位点缀照明	中低色温	不宜动态不宜彩光
欧式建筑	欧式历史建筑	适当照明	采用投光方式为主，根据建筑表面材质的特性以及色泽选择光色	中低色温	不宜动态适度彩光
	宗教建筑	建议照明	根据照明的对象选择合适的方式来表现建筑的特征	依据形态风格选择色温	不宜动态控制彩光
	老洋房	适当照明	采用投光方式为主	中低色温	不宜动态不宜彩光
	石库门建筑	适当照明	采用点缀式照明表现建筑门楣等细部的特征	中低色温	不宜动态不宜彩光

类 型		基本定位	照 明 方 式	色温控制	彩光动态 光控制
传统建筑	传统商业建筑	建议照明	采用局部投光和顶部勾勒、勾边方式	中低色温	适度动态 适度彩光
	古典园林建筑	适当照明	采用多种照明方式	中低色温	不宜动态 适度彩光
	寺庙建筑	适当照明	采用投光方式为主	中低色温	不宜动态 不宜彩光
	古镇建筑群	建议照明	桥梁宜采用投光灯,两侧的亲水建筑可采用局部投光或室内自然内透方式	依据形态风格选择色温	适度动态 适度彩光
城市公共空间	公园	适当照明	可根据公园主题或游线安排,视需要设置夜间景观节点增加夜游乐趣。景观照明应确保照明设备和自然环境的融合,强调引导和安全性,控制眩光和光污染	中低色温	不宜动态 适度彩光
	广场	适当照明	以广场大型雕塑等城市家具为重点,形成视觉中心点,同时采用局部点缀的手法设置各区域灯光。不同的照明元素采用有区别的照明手法,并注意各个元素之间的相互统一协调	中高色温	不宜动态 适度彩光
	绿地	控制景观照明	根据绿地公共空间的不同主题,强调和突出主要特色,景观照明所营造的气氛应与绿地开放空间的功能及周边环境相适应;照明应有视觉中心的亮点;避免溢散光对行人,周围环境及园林生态的影响	中低色温	不宜动态 适度彩光
大型构筑物	跨江大桥	建议照明	应当突出桥梁的整体感和特色形态,可用多种照明方式,设置多种照明模式。采用投光方式,索塔投光可单色也可多色混合	中高色温	适度动态 适度彩光
	跨苏州河历史性桥梁	建议照明	使用局部投光照明方式	中低色温	不宜动态 适度彩光
	跨苏州河现代新建桥梁	建议照明	可使用投光、点或线的装饰等手法,光色不宜过多	中高色温	适度动态 适度彩光
	大型枢纽式立交桥	建议照明	使用局部投光照明方式	中高色温	不宜动态 不宜彩光

五、规划实施保障措施

5.1 统一思想提高认识

景观照明对扩大城市影响力，促进旅游、商业、地产、文化产业发展具有重要意义，是城市公共设施的组成部分，各级政府及相关部门应落实责任推进景观照明建设与运营管理。

5.2 细化规划落实计划

市绿化和市容管理局要根据本规划要求，指导各区管理部门编制辖区内景观照明控制性规划或实施方案。

市绿化和市容管理局要制订阶段性计划，协调各区和相关单位按计划时间节点实施。2020年基本完成黄浦江两岸、苏州河两岸、世博会地区、人民广场区域、延安高架道路—世纪大道沿线、国际旅游度假区等区域的景观照明改造提升；2030年基本建立规划确定的景观照明框架；2040年全面实现规划目标。

景观照明建设应结合规划区域开发和改造建设时序同步规划、同步设计、同步实施。

5.3 落实责任分级管理

相关行政主管部门在审定城市基础设施、工业区、住宅区、环境绿化、附属公共设施工程等新建、改建、扩建方案时，应当征询景观照明管理机构的意见。

本规划中核心区域、重要区域、发展区域范围内地块转让过程中，应将景观照明建设、维护纳入转让要求。

本规划"三带"范围的景观照明实施方案须经市景观照明主管部门会有关部门审核；其他重要区域、发展区域内的景观照明实施方案须经所在区景观照明主管部门审核；一般区域景观照明建设由业主根据本规划和有关规范、标准组织实施，各区景观照明主管部门加强监督指导。

5.4 建立规划实施评估机制

市绿化和市容管理局要建立景观照明总体规划实施效果评估机制，组织专家和市民定期对核心区域、重要区域和发展区域景观照明实施效果进行评估，不断提升和优化规划及其实施方案。

5.5 建立机制保障投入

按照政府引导、企业参与的原则，建立公共财政与社会多元投入机制，筹措建设和维护经费，确保景观照明规划的正常实施。

市、区政府公共财政应对景观照明核心区、重要区域、发展区域内的景观照明设施建设、日常运营维护给予必要的政策和资金支持。

后 记

从2012年转岗担任景观管理处处长，负责城市景观照明管理工作，至今已有十年，这也是我四十余年职业生涯中最长的一个岗位。这十年，因为工作的需要，看过一些照明专业的书，实地考察过国内外许多城市的夜景，聆听过许多行业前辈的教诲，也从很多专家、学者、厂商、工程商那里受到教益，参与过无数次创意、规划、设计、工程方案的讨论，也参加过国内外很多专业会议、论坛、展会的交流，这些经历使我从一个门外汉慢慢了解熟悉景观照明这个行业，懂得了一些照明，特别是景观照明的专业知识，在上海的景观照明事业发展中，把握机遇，承上启下，顺势而为，做了一些工作，并且也取得了一些在国内外有影响的成果。很多城市的领导和照明业界给了我很多鼓励，赞誉我是城市景观照明管理领域的专家，说实在的，我最多是一个懂得城市需要什么样的夜景的照明从业者，是一名懂得如何借势借力推动城市景观照明事业发展的工作者！

能以一个组织者的角色，从头到尾参与这次黄浦江景观照明建设这样一个大项目的全过程，对我个人来说是一次历史机遇，也是我一辈子难以忘怀的经历。这几年，不记得有多少个白天在黄浦江畔度过，也记不清有多少个夜晚和浦江灯光相伴；这几年，有幸陪同中央和地方各级领导视察浦江夜景，也有幸当面聆听国内外各个领域大咖的教益；这几年，承受过亲人离世的伤痛，也经历过妻子重病、差点生离死别的考验，酸甜苦辣，唯有亲历才明白。铭刻在我生命年轮里的这一段经历，必将成为我人生最宝贵的财富！

本书是对这次黄浦江景观照明建设的工作回顾，也是一份忠实的记录。这本书的顺利出版，得到各方的大力支持，在此一并致谢！

感谢郝洛西教授为本书作序。

感谢黄浦区灯光所所长陶震先生、复旦大学副教授袁樵先生、华建集团环境院照明所所长杨赟先生、罗曼照明科技股份有限公司董事长孙凯君小姐、上海市舞台技术研究所首席设计师谢渝熙先生、上海公用事业自动化工程有限公司总经理华剑春先生、音乐家罗威先生为本书撰写文稿。

同时，我要感谢工作团队的摄影爱好者们，因为本书部分照片是在工作过程中收集的，原创作者已经无法查证了，只能在此表示歉意与真诚的谢意！

　　我要感谢上海市绿化和市容管理局领导对我的极大信任和鼓励，感谢景观管理处、上海市市容景观事务中心的同事们对我工作的最大支持。

　　我要感谢我的同事迟海宁、周方诚同志为本书收集资料、补录信息、校对资料。

　　感谢上海人民出版社法律中心张晓玲总监、责任编辑冯静的工作。

　　最后，我想感谢我的妻子张敏以及家人对我工作的理解、包容与支持！

丁勤华

2022 年 9 月 28 日

图书在版编目(CIP)数据

不夜的精彩是如何炼成的:黄浦江景观照明建设纪
实/丁勤华编著. —上海:上海人民出版社,2022
ISBN 978 - 7 - 208 - 17950 - 9

Ⅰ. ①不… Ⅱ. ①丁… Ⅲ. ①黄浦江-景观-建筑照
明 Ⅳ. ①TU113.6

中国版本图书馆 CIP 数据核字(2022)第 172226 号

责任编辑 冯 静
封面设计 一本好书

不夜的精彩是如何炼成的
　　——黄浦江景观照明建设纪实
丁勤华 编著

出　　版　上海人民出版社
　　　　　(201101　上海市闵行区号景路 159 弄 C 座)
发　　行　上海人民出版社发行中心
印　　刷　上海雅昌艺术印刷有限公司
开　　本　720×1000　1/16
印　　张　14
字　　数　204,000
版　　次　2022 年 10 月第 1 版
印　　次　2022 年 10 月第 1 次印刷
ISBN 978 - 7 - 208 - 17950 - 9/F · 2777
定　　价　168.00 元